「生命の40億年」に何が起きたのか

生物・ゲノム・ヒトの謎を解く旅

林純一

光文社新書

プロローグ

　今から約８年前の２０１６年、つくばサイエンス・アカデミー（江崎玲於奈《れおな》会長）から一般市民に向けた講演を依頼されたことがある。そこでは、これまで貫いてきたミトコンドリア研究が、どのようにして従来の定説や常識を覆し、新しい道を切り開いたのかということをメインテーマにして話をした。

　その講演では前置きとして次のような話をした覚えもある。生物や生命、ゲノムや遺伝子など生物学分野の基本的なキーワードの定義は時代とともに変遷してきたこと、現在でもこれらの定義に関係する常識が脆弱であること――。これらは、常識を無批判に信じず、主観を徹底的に排除した考え方も重要視してほしいという意味を込めた、若い人たちへのメッセージのつもりであった。もちろん、あくまで前置きだ。長く話をするつもりもなかった。しかし結果はというと、講演のメインテーマはミトコンドリアであったにもかかわらず、終わりの質問コーナーでは、この生物学の常識の話に集中してしまった。

　こんなことがあってから、生命や生物、ゲノムや遺伝子の定義をどう見直すべきかという趣旨の啓蒙書を、何かの機会があれば書きたいと思うようになった。最新の生物学のニュースを読み解くために専門用語を分かりやすく解説するのではなく、これまでにない新しい生命観を提供できるもの。そんな本を書きたいと思った。ただ、問題はこれらの定義を見直したことによって、何か面白い物語が始まるのかという肝心な部分が欠落していたことであった。

　そこから数年が過ぎたある時、これまでの定義の縛りから解放されたことが引き金となって、勝手に物語が動き始めることに気がついた。定義を見直すことで、すでに生物学の新たな景色が広がっていたのである。そこには想像を絶するユニークな生き物たちが私たちの体の設計図を生存環境として活動している様子もあった。そして、ここから「ヒトは他の生物と比べ何が特別か」という根源的な疑問に答えるためのヒントも生まれたのである。

　一般書である本書の執筆にあたっては担当編集者から多くの的確な提案を頂いた。その主なものは次の通りである。

①遺伝子の名前はアカデミックな表記を極力避け、その働きが分かる表現にすること
②生命現象の記述も細部への言及ではなく、それを俯瞰できる内容にすること
③テーマを「生物とは何か」からより挑戦的な「ヒトたらしめるものは何か」にすること（ただ、本書のタイトルはより壮大なものとなった）

このテーマの変更はとても重い課題となった。なぜなら「生物とは何か」の延長上に、「ヒトは他の生物と比べて何が特別か」という物語の展開までしか考えていなかったからである。しかも、「ヒトたらしめるものは何か」という問いは生命科学分野というより、むしろ古今東西で多くの人々を魅了し、今でも盛んに議論され続けている人文科学分野での重要なテーマであるようにも思えた。

ただ執筆の際はこのことをあまり意識せず、まずは気楽に進めることにした。この問いに生物学の客観的価値観をもって挑んでみたら、どんな答えが見つかるのか。いつかその答えが見えてくることを楽しみにして、まずは「ヒトたらしめている遺伝形質は何か」を中心に据えて書き始めてみることにしたのである。しかし2年が経っても、とてもこのパズルのゴールに辿り着ける気がしなかった。「遺伝形質」にこだわったまま、結論を出すことに対す

る違和感をどうしても払拭することができなかったからである。

実は、この物語の完結へ向けて一気に進んだのはごく最近のことである。当初は、まったく予想もしていなかった結末へ誘導する最後の素晴らしいピースがあることに、散歩の途中で偶然気がついたのである。

それでは、定義を見直すことによって得られた新しい生命観を携えて、これまでに誰も見ることができていない生き物たちの世界と、偶然見つけた最後のピースを巡る旅へとご案内しよう。

「生命の40億年」に何が起きたのか

目次

扉・目次作成／熊谷智子
本文図表作成／デザイン・プレイス・デマンド

第1部

生命の再定義

第1章　生き物とは何か

最初に考えたいのは、生き物を意味するときに使われる、「生命」や「生物」という言葉の微妙な意味の違いである。これらの言葉はどう区別できるのか。また生命や生物と、無生物（物質）の間に明瞭な境界線はあるのか。あるとすれば、それはどのような境界線なのかなどなど。これらの言葉を発端に生き物の基本にまつわる疑問は次々に出てくる。そこでまずは生物や生命の定義をどうすべきか、議論することから始めたい。

教科書が定義する生物

最初の問題は、生物と無生物を区別する際にウイルスが生物か否かという、はてしない未解決の議論である。ただこの論点は極めて単純で、「生物をどう定義するか」によってウイルスが生物に含まれたり、含まれなかったりするだけのことである。生物の定義を、教科書と同じように「細胞を基本単位とするもの」とすれば、細胞を基本単位としないウイルスは生物から外れる。一方、「子どもを作るもの」という別の定義にすると、ウイルスは生物とみなされる。

ここからは、こうした生物の定義に関するさまざまな論点を提示したうえで、どうすれば生物の本質をより適切に捉えた定義にすることができるのか、またどうすれば生物と無生物を厳密に区別することができるのか、といった根本的な問題に焦点を当ててみよう。

まずは生物を定義することから始めたい。生物としての特徴はたくさんあるが、その普遍性や共通性を重要視すると、主なものは次の通りである。

① 細胞を基本単位とする
② 自己複製する：子どもを作る
③ 遺伝物質として核酸（DNAやRNA）を持つ
④ 外界と区別できる仕切り（例えば細胞膜）で被《おお》われている
⑤ 物質代謝、エネルギー代謝をして恒常性を維持する

教科書ではこれらの特徴のなかで、第一の特徴である「① 細胞を基本単位とする」を生物の定義としている。この定義にある細胞は、同時に②〜⑤の特徴を満たす。またこの定義は、私たちが実際に見ることができる、さまざまな生き物の「生き物らしさ」を反映しており、ヒトをはじめとする多くの生き物が生物に含まれることになる。そういう意味でこの定義は適切であり、実際に教科書のみならず多くの辞書にも採用されており、すでに一般的な常識として定着している。

教科書のシナリオは、生物とは「細胞を基本単位とするもの」と定義することで、まずは生物をその同義語である「細胞」に置き換えたうえで、次にこの細胞がどのような特徴を持つのかをより具体的に説明し始める。すなわち、次の通りである。

①生物は細胞を基本単位とする

そして、生物の基本単位としての細胞は、

②自己複製し、
③遺伝物質として核酸（ＤＮＡやＲＮＡ）を持ち、
④外界と区別できる仕切り（細胞膜など）で被われていて、
⑤物質代謝、エネルギー代謝をして恒常性を維持する。

ここで疑問が残るのは「細胞」をどう定義するのかということである。多くの辞書では、細胞の定義を「生物の基本単位」としている。しかし、生物の定義を「細胞を基本単位とする」としながら、細胞の定義を「生物の基本単位である」としてしまうと、同義語反復という相互依存（トートロジー）に陥ることになる。これは物事を定義するうえでの禁じ手だ。細胞の定義には「②〜⑤を満足するもの」という表現も必要になるだろう。

ただ、これはそれほど大きな問題ではない。本当の問題は、「細胞を基本単位とする」という制限のために、生物から除外される生き物が少なくとも次の3種類以上は存在することである。

a 細胞を基本単位としない生き物であるウイルスなど
b 細胞を基本単位とする生物が誕生する前の太古の原始的な生き物
c 地球外（宇宙）に存在すると想定される生き物

例えば、ウイルスは「① 細胞を基本単位とする」と「⑤ 物質代謝、エネルギー代謝をして恒常性を維持する」という生物の特徴は持たないが、「② 自己複製する」「③ 遺伝物質として核酸を持つ」「④ 外界と区別できる仕切り（ウイルスはカプシドという殻）で被われている」という特徴は持っている。したがって、ウイルスは①と⑤以外の生物の特徴をすべて共有することになる。また、細胞という複雑な構造を進化させる前の太古の生き物たちや、広い宇宙のどこかにいるかもしれない、細胞を形成しない生き物たちに対し、細胞を基本単位としないという理由で、「生物でもなければ無生物でもない」という曖昧な表現は避けたいところである。

以上の点を考えると、細胞を基本単位としないこれらの生き物たちも包括できる普遍性を持った定義こそが、生き物の本質を捉えた定義といえるのではないだろうか。もしかすると「細胞」という制約から解き放たれて自由になれば、「生き物とは何か」という疑問を解決する糸口を掴むこともできるかもしれない。

新たな生物の定義を考えてみる

地球上にはじめて誕生した原始的な生き物は、はじめから細胞を基本単位としていたわけではない。だからといって、彼らを「無生物（物質）」だとしてしまうのは少し短絡的だ。なぜなら、この生き物はいずれ細胞を基本単位とするものへと進化できるからである。

では、この原始的な生き物は物質と何が違ったのだろうか？　またウイルスに加えて、この原始的な生き物も含むことができる生物の定義は、どのように表現されるべきなのだろうか？　例えばウイルスも共有する、「② 自己複製する：子どもを作る」あるいは「③ 遺伝物質として核酸を持つ」という生物の特徴のどちらかで生物を定義することはできないだろうか。

そこでまずは「② 自己複製する：子どもを作る」という特徴に注目し、生物を「子どもを作るもの」と定義して考えてみよう。いくつかの辞書にも採用されているこの定義の場合、ウイルスも生物に含まれることになるが、それでも生き物の「生き物らしさ」をより適切に反映しており、すべての生き物を包括できる可能性もある。生き物には、必ず親がいて子どもが生まれるのに対し、ただの物質（無生物）からは決して子どもが生まれることはないからだ。もし、ある物質が子どもを作るという特徴を持つのであれば、その物質はもはや物質ではなく生物ということになる。

ところが、生物を「子どもを作るもの」とする定義には、ウイルスなどを生物に含めたとしても、少なくとも次の2つの重大な欠陥が生じてしまう。

子どもを作らない生物

子どもを作らない生物はすぐに絶滅してしまうから、本来なら現在の地球上には存在しないはずである。ただ実際はどうかというと、必ずしもそうとはいえない。例えば、ミツバチの働きバチ（雌）は生まれながらにして子どもを作らない。ハチの社会は分業化されていて、彼女たちの役割はあくまでも女王バチが産んだ子どもを育てることにある。また種間交雑で生まれてくる雑種（例えばウマとロバの種間交雑で生まれるラバやケッテイ）も子孫を残せない。しかし、だからといって彼らを「生物ではない」とするのはおかしな話だ。

それならいっそのこと、「親から生まれたもの」とするのはどうだろう。この定義なら、今紹介した生き物たちも生物になるはずだ。ただ、どちらで定義するにしても次の問題をクリアすることはできない。

仮想空間の人工生物

近年発生したさらに厄介な問題は、仮想空間の人工生物やコンピュータウイルスなどの存在である。例えば、一部のコンピュータウイルスには自身のプログラムを複製して、増殖していくものがある。これはまさに「子どもを作るもの」や「親から生まれたもの」という定義に当てはまるのではないだろうか。とすると、コンピュータウイルスもまた私たちと同じ生物ということになってしまう。

これらの不都合を屁理屈としてもいいし、例外としてもいい。ただもしかすると、「子どもを作るもの／親から生まれたもの」という定義には生物の本質を完全に捉えきれていない、何か別の問題があるのかもしれない。ここではそうした前提に立って、もう少し生物の定義についてじっくりと考えてみたい。

本書における生物の定義

では、仮想空間の人工生物が生物に含まれることで生じる、この大きな違和感はどこからくるのだろうか。おそらく細胞を基本単位とする生物も、細胞を基本単位としないウイルスも、ともにその設計図の「素材」は例外なく「核酸（ＤＮＡかＲＮＡ）」であるのに対して、コンピュータが作る仮想空間の人工生物は、その設計図の「素材」がそれとはまったく異なる「シリコン」だからではないだろうか。「核酸」という物質は、すべての生物に例外なく含まれている生体物質で、タンパク質や糖質、脂質など他の生体物質とは異なり、核酸が持つ４種類の塩基（Ａ：アデニン、Ｇ：グアニン、Ｃ：シトシン、Ｔ：チミン、ただしＲＮＡの場合はＴではなくＵ：ウラシル）の配列が遺伝情報に相当する。そして、この遺伝情報だけが生物の設計図としての役割を果たすことができる。

そこで、この設計図の素材の種類と、生物の第三の特徴である「③遺伝物質として核酸を持つ」という点を重要視したうえで、生物の定義を「核酸を素材とする設計図を持つもの」としてみよう。ここで表現を変えたのは「シリコンを素材とする設計図を持つもの」である仮想空間の人工生物との本質的な違いを、あえて対比させたかったからである。

これにより、少なくとも仮想空間の人工生物は完全に生物から除外できる。他方、子どもを作らない生き物たちが生物から除外されることはない。ただし「核酸を素材とする設計図を持つもの」には、生物に加えて細胞を基本単位としないウイルスも含まれることになる。この生物の定義は、ウイルスを生物から除くことよりも、仮想空間の人工生物を生物から除くことを最優先した結果生まれたものである。

ただ「核酸を素材とする設計図を持つもの」という定義は、「設計図となる核酸」と「単なる有機物（物質）としての核酸」で一体何が違うのかをうまく表現しきれていない。核酸は自然界では生物のなかにしか存在しないが、人工的に合成することは可能だ。生物の設計図として働いている核酸と、単なる物質としての核酸はまったく同じ物質なのである。

では両者の根本的な違いはなんなのだろうか。それは、「設計図の素材としての核酸」が

「自己複製できる」という点に尽きる。つまり、「核酸が素材である設計図」とは、より具体的には「自己複製する核酸」に相当し、この自己複製する核酸の起源は、まさに生き物の起源なのである。

そこで本書では、ひとまず生物の定義を「自己複製する核酸を持つもの」とすることにしよう。ただ、この定義のなかにある、「自己複製」という言葉の意味は誤解されやすく、少なくとも次の３つの点で注意が必要である。

（1）核酸の自己複製は、子どもを自己複製する（作る）こととは限らない

本書の冒頭で、生物が共有する特徴の１つとして「② 自己複製する：子どもを作る」を取り上げたが、核酸が自己複製することと、子どもを作ることはまったく異なる生命現象である。例えば、ミツバチの働きバチ（雌）や種間雑種は子どもを作らないが、核酸は自己複製するので、受精卵が細胞分裂を繰り返すことができ、結果として多細胞生物（１つの個体が複数の細胞で構成される生物）としての個体形成が可能なのである。

（2）「自己」が「自律的（他の生物に依存せず）」という意味に誤解されがちな点

もし自律的にという意味なら、ウイルスや寄生生活をする生物は自分の核酸の自己複製に必要な生理機能の大部分を宿主に依存しているため、自己複製とはいえない。ただ、ここでいう「核酸の自己複製」の「自己」とは「自律的」とか「自力で」などという意味ではなく、「自分（と同じもの）を」という意味なのである。このため寄生生活をする生物はもちろん、ウイルスも「自己複製する核酸」を持つことになる。

（3）核酸の自己複製は「不完全」であるという点

この「不完全な」自己複製のおかげで、生物の設計図には常に複製ミスなどが導入され、少しずつ書き換えられてきた。仮に核酸の自己複製が「完全」であったなら、地球上に出現した生物はまったく変化できず、いつまでも同じ生物のままで、ヒトが誕生するどころか、その生物でさえも、地球環境の変動に対応できず絶滅してしまったに違いない。この「不完全」な自己複製が、まさにその後の生物の多様性の原動力となり、その結果、生物は地球環境の変動にも対応でき、長い時間をかけてダイナミックに変化（進化）し続けている。

「生命」と「生き物」を定義する

本書では、ひとまず生物の定義を「自己複製する核酸を持つもの」とした。ところが、教科書を含め、一般的な常識として定着しているのは、すでに紹介した通り「細胞を基本単位とするもの」である。そこで混乱を避けるため、本書でも教科書の「生物」の定義を尊重したい。そのうえで「自己複製する核酸を持つもの」は生物ではなく、「生命」の定義にすることにしよう。

この場合、ここで定義される生命には、生物に加えウイルスなども含まれる。つまり、生命は「細胞を基本単位とする生命（生物）」と、「細胞を基本単位としない生命（ウイルスなど）」の2つのグループから構成されることになる（図表1‐1）。しかも、この生命の定義のなかにはウイルスの他に、細胞を基本単位とする生命（生物）の祖先となった太古の生き物たちも含まれる。

ちなみに、ここまで「生き物」という言葉も「細胞を基本単位としない」生命も含んだ言葉として使ってきた。そこで、本書では「生き物」も「生命」の定義と同じにしよう。まと

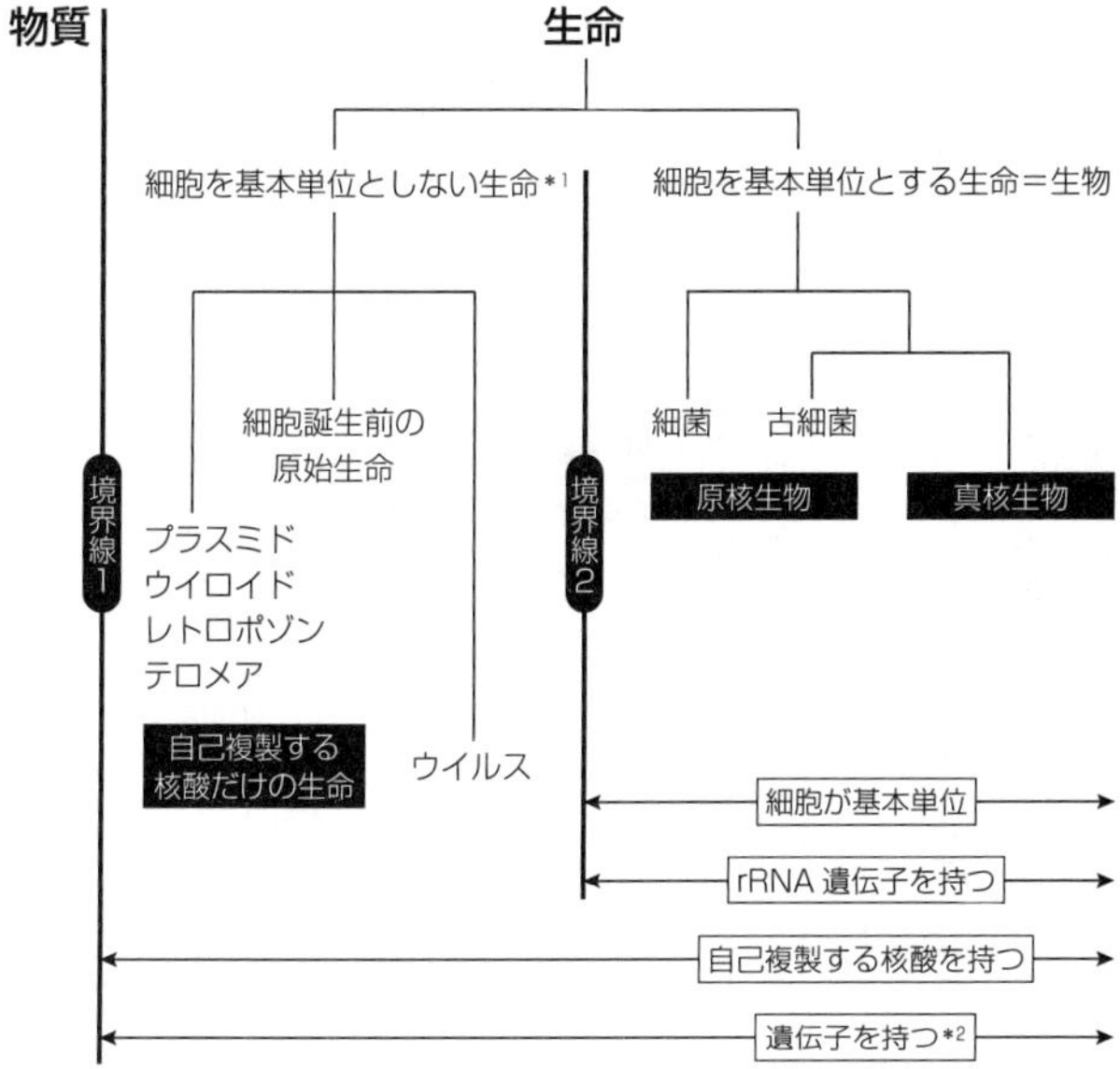

＊1 細胞を基本単位としない生命はすべて、細胞を基本単位とする生命（生物）に寄生して自己複製と生存に必要なほとんどすべての遺伝子を賄う。

＊2 テロメア、レトロポゾンの SINE、ウイロイド、細胞が誕生する前の生命は自己複製する核酸が RNA 遺伝子である。

図表1-1　本書における生命の定義

めると次の通りである。

生物　　　：細胞を基本単位とするもの
生命・生き物：自己複製する核酸を持つもの

ここで問題となるのは、本書が示した「生命」の定義と、これまで一般的に使用されている「生命」の定義との関係である。教科書はとくに生命を定義していないし、辞書にも統一的な見解があるわけではない。ただし、生命という言葉は「原始地球上に誕生した生命」とか、「地球外惑星（宇宙）に生命は存在するか?」というような言い回しで頻繁に使われる傾向がある。どうやら、細胞という複雑な構造を基本単位とする生物より、もっと原始的なものを指す場合に、生命という言葉が好んで使われているようだ。

「火星に生命がいるかどうか」の探査をしているアメリカ合衆国航空宇宙局（NASA）は、生命を「自己の持続が可能で進化できる化学系」と定義しており、「細胞」という表現は使われていない。また「核酸」という表現も使わずに化学系としているのは、過酷な宇宙環境には、核酸以外の物質を設計図の素材として使い、それを自己複製できる生命が存在する可能性も排除しないためである。

したがって、一般的に使われている生命という概念に含まれるものとしては、必ずしも生物だけではなく、どちらかといえば細胞を基本単位としない生命、つまりより単純な生き物を対象としている傾向が強いようである。とすると、本書の生命とすでに一般的に使用されている生命との間には、それほど大きな違いは存在しないといえるだろう。

生命と物質の境界線

ここからは本書の生命の定義をベースにして、生命と物質、そして細胞を基本単位とする生命（生物）とそれを基本単位としない生命との間にある境界線をもう少し詳しく確認していこう（図１‐１、27頁）。

まずは本書が定義する生命と、物質の間に存在する境界線である。それは定義にもある通り、すべての生命が「自己複製する核酸」を持つのに対し、物質はそれを持たないという境界線だ。つまり本書の生命の定義は、ウイルスを含むすべての生命を包括できるだけでなく、すでに生命と物質との境界線まで明確に示していたことになる。

　では、生物とウイルスなど細胞を基本単位としない生命の境界線についても考えてみよう。１つは生物の定義にもある通り、細胞を基本単位とするかどうかだ。しかし、それだけとはいえない。生物の場合は細胞を基本単位とするだけでなく、その設計図（自己複製する核酸）に必ずリボソームＲＮＡ（ｒＲＮＡ）遺伝子が含まれているのだ。さらに多くの遺伝子はＲＮＡに変換（転写）された後、その生物固有の翻訳系（リボソームというタンパク質合成工場）を使って、ＲＮＡからタンパク質に変換（翻訳）される。これ対してウイルスは、例外なくｒＲＮＡ遺伝子や翻訳系を持たず、これらはすべて寄生した生物のものを利用している。

　他方、一般にウイルスは生物に比べ、大きさもはるかに小さいとされてきた。これも両者の境界線であるように思えるだろう。しかし近年になって、大きさだけでなく設計図が保有する遺伝子の数も、一部の生物をはるかに凌《りょう》駕《が》する巨大なウイルスの存在が明らかになってきている。大きさだけで生物とウイルスの境界線を引くのは難しいのだ。

　ただしどんなに巨大であっても、またどんなにたくさんの遺伝子を保有していたとしても、ウイルスと生物との間には、先ほど紹介した明瞭な２つの境界線が存在する。ウイルスが細胞を基本単位としないこと、そして、独自のｒＲＮＡ遺伝子と独自の翻訳系を持たないこと。

同じ生命でありながら、この２本の境界線は極めて明瞭で例外は存在しない。

細胞を基本単位とする生命たち

ここからはもう少し具体的に、細胞を基本単位とする生命は何で、基本単位としない生命は何か見ていこう。

「生命の設計図」のなかで、「生物の設計図」だけが共通に持っているのがｒＲＮＡ遺伝子である。ｒＲＮＡはタンパク質の翻訳に重要な役割を果たすため、この遺伝子の塩基配列は40億年にわたる生物の歴史のなかで、大きく変化することが許されなかった。とはいえ、近縁の生物の間でも小さな違いはあり、遠縁であるほど（進化で分岐した年代が早いほど）配列の違いも増えてくる。したがって、このｒＲＮＡ遺伝子の類似性（相同性）は、生物の系統的な類縁関係を反映していることになる。

そして近年、核酸の塩基配列を解読する技術が飛躍的に進歩したことにより、さまざまな生物の設計図の全塩基配列が続々と明らかになってきた。つまり、これまでは見た目の違いが重視されてきた生物の分類を、ｒＲＮＡ遺伝子の塩基配列や設計図の全塩基配列の類似性を客観的かつ定量的な物差しとして使うことで、より的確に推察することが可能になったのである。その分類によると生物は、バクテリア（細菌）、アーキア（古細菌）、ユーカリア（真核生物）と、大きく３つのグループに分けられる（図表１-１、27頁）。

細菌や古細菌は、細胞内に核やミトコンドリアなどのオルガネラ（細胞小器官：細胞内で重要な生理機能を分業している構造体）を一切持たず、生命活動の分業システムは未成熟なままの生物だ。これらは核を持たないために原核生物と呼ばれ、原則として輪っか状（環状）のＤＮＡでできている設計図が、そのまま細胞質に存在している。原核生物のすべては、１つの個体が１つの細胞でできている単細胞生物であるため、そのほとんどが小さすぎて直接見ることはできない。

残りが私たちも含まれる真核生物で、核やミトコンドリアなどの細胞小器官を獲得したことにより、細胞の体積が増大した。さらにその一部は、私たちのように１つの個体が複数の細胞でできている多細胞生物となったため、目で見えるだけでなく、恐竜やゾウ、屋久杉のような巨大な個体の形成も可能になったのである。「生き物とは何か」と問われたとき、真っ先に思い浮かべるのはこのような目で見える生物であろう。

一方で、目で見ることはできない世界には細菌や古細菌とは別に、私たちの想像をはるかに超えた、小さくてユニークな生命たちが主役となる別世界が存在する。

細胞を基本単位としない生命たち

生き物（生命）を定義する際に、「細胞」という制約から解放されて自由になると、これまで見ることができなかった生命たちの新しい風景が次々に見えてくる。最初に見えてくるのは、「生物」の定義に含まれなかった、個性豊かな生き物たちだ。

その代表例がここまで何度も登場したウイルスで、設計図の素材である核酸がＤＮＡの場合と（ＤＮＡウイルス）、ＲＮＡの場合があり（ＲＮＡウイルス）、いずれも他の生物に感染しなければ、自己複製することができない。そして、多くのウイルスの設計図には、これを保護するためのタンパク質であるカプシド（殻）を作る遺伝子が含まれている。

ウイルスは設計図の全塩基配列を比較しても、その全体の分類には使えない。なぜなら、彼らは極端な寄生戦略をとったために、祖先の設計図にあった遺伝子のほとんどを消失させただけでなく、消失した遺伝子の種類も違いすぎるためである。さらに、彼らの設計図にはｒＲＮＡ遺伝子が含まれないため、生物との類縁関係も不明である。したがって、そもそもウイルスはどのような経緯で誕生したのか、という疑問に答えることもできない。例えば、細胞を基本単位とする生物が地球上に誕生する前の原始生命の末裔《まつえい》なのか、それとも生物が誕生した後に、ある生物が他の生物に寄生するという形で究極の退化を遂げた結果なのか、そもそもウイルスの共通祖先は存在せず、種類によってその起源はまちまちなのか、という基本的な問題は依然として未解決のままなのである。

　ウイルスには、カプシド遺伝子まで退化させた仲間も２種類存在する。１つは他のウイルスのカプシドを拝借してウイルス粒子を作るもの、もう１つはウイルス粒子そのものを作らないものである。後者は宿主の細胞内でのみ「自己複製する核酸」として振る舞うが、粒子を形成できず細胞の外に出られないため、ウイルスではないという考え方もある。

　その後者の例としてプラスミドがある。彼らはいくつかの遺伝子を含む小さな環状の「自己複製する核酸」だけで成り立っている生命であり、大部分は原核生物の細胞質で細胞内共生をしている。ただ、彼らの祖先がウイルスの祖先なのか、それとも彼らがウイルスの祖先なのか、あるいは共生する原核生物の設計図の一部に由来するものなのかは不明である。

後者にはさらに、植物病原体の１つとして発見されたウイロイド（ウイルスもどき）も含まれる。彼らも「自己複製する核酸（ＲＮＡ）」だけで成り立つ生命だ。主に植物の栽培種（キクやジャガイモなど）の細胞内に存在し、細胞から細胞に広がることで、ときとして感染した宿主に病気を誘発する場合もある。これは宿主のＲＮＡに対して、ＲＮＡでできているウイロイドが結合し、それらの生理機能を抑制するためだと考えられている。

ウイロイドはわずか２５０〜４００塩基からなる環状の１本鎖ＲＮＡで構成されていて、タンパク質に翻訳される遺伝子を持たないが、自身が生理活性を持った非翻訳ＲＮＡ（機能性ＲＮＡ）だ。このＲＮＡ（核酸）の自己複製には、宿主のＲＮＡ合成酵素を借用している。この酵素の本来の機能は宿主のＤＮＡをＲＮＡへ転写することであるが、ウイロイドはこの酵素を自身のＲＮＡからＲＮＡを複製すること（これは同時に転写することでもある）に転用している。そして、複製された長い線状のＲＮＡが、自身の生理活性を利用して適切な大きさに切断され、環状ＲＮＡになることで、ウイロイドの設計図の自己複製は完了する。

このように、ＲＮＡを素材とする設計図だけでできているウイロイドは、ウイルス以上に簡略化に成功した究極の生命なのである。これは単なる「ＲＮＡという物質」であるという解釈もできるだろう。しかし、ウイロイドＲＮＡは、宿主の細胞内では「自己複製する核酸」でもあるため、物質ではなく、本書が定義する生命そのものなのである。

そして、ウイロイドやプラスミドといった核酸を素材とする設計図だけでできている生命の場合、「核酸の自己複製」は、まさに「子どもを作ること」と完全に一致している。ウイルスや単細胞生物（1つの細胞でできている生物）を想像してみてほしい。彼らが行う「核酸の自己複製」は「子どもを作ること」とは一致しない。なぜなら、彼らは核酸を自己複製した後に、ウイルス粒子を形成したり細胞分裂をしたりすることで、はじめて「子どもを作ること」が完了するからである。さらに私たちのような多細胞生物が行う「核酸の自己複製」も、多細胞生物としての体を形成する際に必要なことで、「子どもを作ること」とはまったく別の生命現象である（第6章参照）。

一方で、ウイロイドやプラスミドは、核酸の自己複製が終わると、その複製された個体はすぐに別の個体として振る舞う。その間にややこしいステップは何もない。そのため、核酸の自己複製＝子どもを作ることといえるのだ。

連綿と続く自己複製

このように「細胞」という制約から解放されると、すべての生命の共通点が「自己複製する核酸を持つ」というシンプルな生命観に辿り着く。そのなかには自己複製する核酸だけでできているプラスミドやウイロイドなど、多彩でユニークな究極の生命たちも含まれる。

そして、「自己複製する核酸を持つ」というこの生命の普遍性は、私たちに２つ目の新しい景色も見せてくれる。それは、40億年以上にわたる生命の歴史のなかで、「核酸の自己複製」という化学反応が、細胞を基本単位としない原始的な生命の誕生から現在に至るまで、すべての生命のなかで継続しているという風景である。

細胞を基本単位とする生命（生物）が地球上に誕生したのは40億年前といわれているが、突然出現したわけではない。それまでには「核酸という有機物」が形成され、この「物質としての核酸」が「自己複製する核酸」へと変化することで、物質から生命への境界線をはじめて乗り越えた最初の記念すべき原始生命がすでに誕生していたはずだ。この「自己複製する核酸の起源」こそが、まさに「生命の起源」なのである。

したがって、この2つ目の景色が提供してくれる新しい生命観は、生命とは「核酸の自己複製」という化学反応そのもの、ではないかということである。しかもこの化学反応は、生命の起源から40億年以上も経過した現在に至るまで、一時たりとも途切れることはなく、私たち生命の体のなかで続いている。

もちろん、この連続的化学反応の主役は核酸であるが、タンパク質などのさまざまな生体物質のおかげで、この化学反応は初期の生命よりもはるかに安定化している。また、仮に地球環境の急激な変動などによる絶滅により、ある生命のなかで続いていた核酸の自己複製が停止しても、多様な設計図を持つ生命たちのなかには、急変した環境への適応が可能な生命も存在し、その生命のなかで核酸の自己複製は継続されている。

では、この連続的化学反応は、たった1つの記念すべき原始生命から始まったのだろうか？　この疑問に答えることはできないが、細胞を基本単位とする生物の場合は1つの生物から始まった可能性がある。なぜなら、現存するすべての生物が持つ、自己複製する核酸の塩基配列を基に祖先を辿ると、1つの共通祖先に行き着くからである。もちろんこのことは、他に独立した生物の起源が複数あった可能性を否定するものではなく、単に現在の生物の祖先はそのなかの1つに限定されるということだ。つまり、別起源の生物はかつて存在していたとしても、その子孫はすべて絶滅したのである。

人間は生命を創造できるのか？

では、自己複製する核酸を人工的に合成し、そこから新しい生物の進化をスタートさせることができるだろうか？　これは仮想空間の話ではなく、現実で自己複製する核酸を持つ人工生物の話である。

細胞を基本単位としない生命ならば、不完全ながらも、すでにその人工合成は成功している。例えばプラスミドのＤＮＡを細菌から取り出し、そのなかに目的の遺伝子を組み込んで、宿主である細菌に再び導入して増やすことはできる。プラスミドＤＮＡを取り出した時点で、それは単なる物質としての核酸であるが、細工をしたうえで再び細菌のなかに戻すと、自己複製する核酸、つまりは生命に戻る。このようなことはウイルスでも可能だ。実際にヒトの特定の遺伝子をウイルスの設計図に挿入し、それをヒトの細胞に感染させることで、その遺伝子の欠損が原因で発症する病気の治療に活用されている。

では本題の細胞を基本単位とする生命、つまり生物はどうだろう？　近年、生物の一種である細菌の人工合成に成功したことが報道された。これは細菌のなかで、最小の設計図を持つマイコプラズマを用いた研究である。マイコプラズマの一部には、主に小児で肺炎を誘発する極めて危険な感染性を持つものもある。

ただし、この研究で人工合成したのはマイコプラズマの設計図だけで、それ以外の細胞質や細胞膜はすべて生きている別のマイコプラズマに依存している。このため、これは完全に生物を人工合成したことにはならない。人工合成した設計図、つまり「単なる有機物としての核酸」を「自己複製する核酸」に変身させたのは、他でもないマイコプラズマの細胞質と細胞膜なのである。この肝心な部分を、既存のマイコプラズマに全面的に依存しているため、このなかのどのような因子が「単なる物質としての核酸」に命を吹き込み、「自己複製する核酸」に変身させたのか、という最も好奇心がそそられる部分は不明のままである。

またここでの重大な問題は、今後こうした研究を進めることが、人類が経験したことのない有害な生命を作ってしまう危険性を孕《はら》んでいることである。

例えば、あるウイルスが宿主に感染した際に結果として宿主を絶滅させると、感染したウイルスも絶滅してしまうので、自身の居場所を維持できる、ちょうど良い毒性を持つウイルスが自然界では選択されてきた。現在の地球上のすべての生命は、このように進化の過程で長い時間をかけて相互作用しながら形成されてきたのである。そこに突然、この相互作用から外れた人工生命が出現したとき、それが想定外の感染力を発揮して、一気に人類を滅亡させるかもしれない。それはまるで人類が地球外で誕生した生命に遭遇し、接触したときの危険性とよく似ているのである。

＊

　これまで述べてきたように、本書では生物に加えて、ウイルスなど細胞を基本単位としない生き物も包括するように、生き物と生命の定義を「自己複製する核酸を持つもの」とした。では、ここでいう「自己複製する核酸」とは具体的にどのようなものなのか？　そして、それはいったい私たちの体のどこに隠されているのだろうか？　「生き物とは何か」を探る旅はひとまず終わるが、ここからは生命活動の中枢にある「自己複製する核酸」の正体を探っていこう。

　また、生命を定義する際に「細胞」という制約から解放されると、これまで見えなかった新しい景色が見えてくると述べた。その１つはウイロイドのような自己複製する核酸だけでできた究極の生命がいるということだったが、これらを生命の仲間に入れることで、さらに驚くような景色を見ることもできる。次の章ではその景色もお見せしたい。

第2章

自己複製する核酸の正体

本書では、生命の定義を「自己複製する核酸を持つもの」とした。この「自己複製する核酸」とは「核酸を素材とする生命の設計図」のことで、生物学の専門用語では「ゲノム」と呼ばれており、その語源は「遺伝子の集合体」を意味する造語である。

ヒトの核ゲノムは膨大な量の塩基配列を遺伝情報として持つため、その正体は長らく謎であった。しかし、２００１年にその９割を解読した概要塩基配列が公開されると、衝撃的な事実が明らかになる。語源通り、その大部分が遺伝子であると思われていたのに、なんと半分以上が意味不明の反復配列だったのだ。

ただ最近になって、ようやく反復の意味が一部見えてきた。どうやらその正体は、本書で定義するところの生命、しかも謎の〝古代生命〟が過去に核ゲノムに侵入して自己複製を繰り返した痕跡かもしれないのである。

ゲノムとは何か、どこに存在するのか？

ゲノムは生物の設計図とか、生命の設計図といわれている。しかし、ゲノムを「生物の設計図」としてしまうと不都合が生まれてしまう。生物に含まれないウイルスやウイロイドはゲノムを持たないことになるが、一般的に両者とも独自のゲノムを持つとされているのだ。

本書では生物に加え、細胞を基本単位としないウイルスやウイロイドも含めて生命であるとした。そこで、ゲノムは「生命の設計図」としよう。そのほうが矛盾を避けることができる。

では、ゲノムはどうやって生命の設計図としての役割を果たしているのだろうか？

すでに述べたように、ゲノムにはその素材である核酸を構成する4種類の塩基の配列によって、遺伝情報が暗号化され保存されている。例えば、ＤＮＡはそのままでは生理機能はないが、その遺伝情報の一部が鋳型となり、そこからＲＮＡに変換（転写）され、さらに続けてタンパク質に変換（翻訳）されると、生理機能を営むことができる。一方、ＲＮＡの一部はタンパク質に翻訳されずに、ＲＮＡのまま生理機能を営むものもある。

　こうして、ゲノムにある暗号化された遺伝情報が、ＲＮＡやタンパク質に変換されて生理機能を発現することで、核酸の自己複製のみならず、あらゆる生命活動が可能になる。したがって、ゲノムはまさに生命の設計図であると同時に、生命活動の司令塔でもあるといえるのである。

　実は、このゲノムの保管場所は生命によって異なっている。細胞を基本単位としない生命であるウイロイドはゲノムだけで成り立つ生命であり、その保管場所は寄生する植物の細胞のなかだ。ウイルスゲノムはウイルス粒子の殻のなかであるが、細胞に感染すると細胞質や核ゲノムのなかにまで侵入するものもある。一方で生物の場合、原核生物は核が形成されないために保管場所は細胞質で、真核生物は核のなかである。

　すべての真核生物の細胞は、原則として１つの核を持ち、そのなかに存在するゲノムは核ゲノムと呼ばれている。ただ、真核生物のゲノムの保管場所は核だけではない。細胞質に多数存在するミトコンドリアという細胞小器官のなかには、ミトコンドリアゲノムという独自のゲノムが存在する（図表２‐１）。さらに真核生物である植物の細胞質には、ミトコンドリアに加えて葉緑体という別の細胞小器官も存在し、そのなかには葉緑体ゲノムが含まれている。

ゲノムの定義を見つめ直す

かつて教科書や辞書を含めた多くの書籍では、ゲノムの定義を「その生物の生存に最小限必要な染色体１セット」などとしていた。だが、この定義はその表現に問題がある。まず「その生物の……」とすると、「細胞を基本単位とする」という生物の定義から外れるウイルスはゲノムを持たないことになる。

次の問題は「生存に最小限必要な染色体１セット」であるが、生存に必要な染色体のセットに最小限も最大限もない。ヒトでいうなら、生存に必要な染色体は必ず２セットであり、それより多くても少なくても生存できない。ヒトは23種類の染色体を母親と父親から１セットずつもらう結果、合計２セットの染色体を持つことになるが、これらが揃うことで生存が

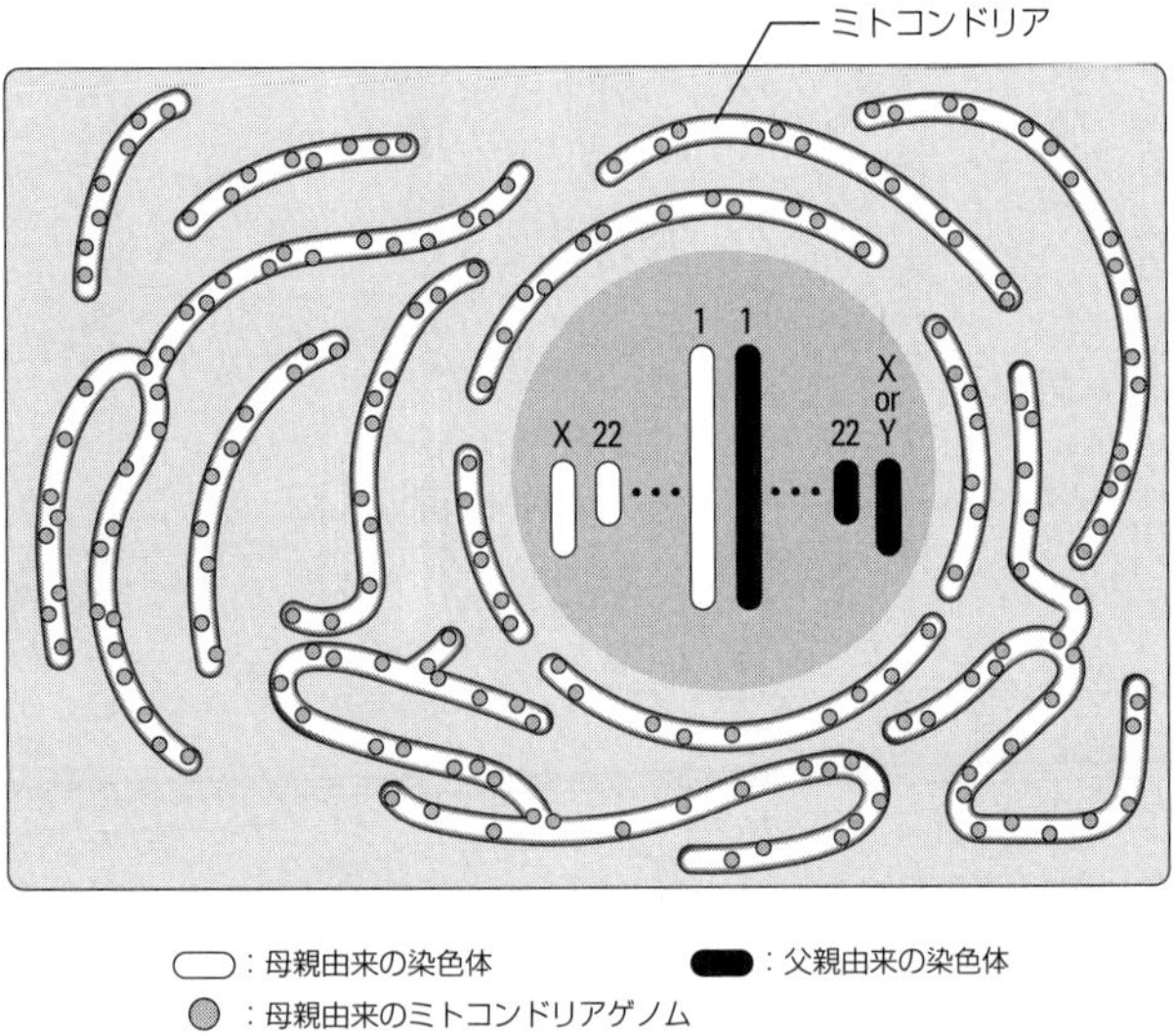

林純一『ミトコンドリア・ミステリー』(2002) の図2-4A をもとに作成。

図表2-1　ヒトにおけるゲノムの組成

できるようになる（図表2－1）。

最後は「染色体」という表現である。ウイルスやウイロイド、さらにはミトコンドリアや葉緑体のゲノムに対して、染色体という表現はほとんど使われていない。

こうした理由もあってか、最近になってゲノムは「その生物を作るのに必要なすべての遺伝情報」とか、「その生物が持つすべての遺伝情報」などと定義されている。しかし、これらの定義にある「生物」を「生命」に置き換えても、まだ不適切な点がある。

例えば「その生命を作るのに必要なすべての遺伝情報」とした場合、寄生生活をする生命のゲノムには、その生命を作るのに必要なすべての遺伝情報は存在しない。なぜなら、その大部分は宿主のゲノムに依存するからである。

では、「その生命が持つすべての遺伝情報」はどうだろうか。この場合、ヒトの生存に必須な常在菌（大腸菌など）のゲノムもヒトのゲノムに含まれるという解釈ができてしまう。だが、通常これらはヒトゲノムには含めない。したがって常在菌のゲノムのように、ヒトの生存に必須で「後天的」に必ず持つことになる、他の生命のゲノムをはっきりと除外できる表現が必要となる。

これらの点を考慮すると、ゲノムの定義は「（親から）先天的に受け取るすべての遺伝情報」と表現するほうが良いのではないだろうか。そうするとゲノムの定義として、本章の冒頭で提案した定義も含めて次の2つが存在することになる。

① 自己複製する核酸
② 先天的に受け取るすべての遺伝情報

この両者は矛盾するのではなく、むしろゲノムに関する新しい視点を提供してくれる。それは「先天的に受け取るすべての遺伝情報」には、複数の種類の「自己複製する核酸」が含まれるという視点である。例えばヒトの場合、「先天的に受け取るすべての遺伝情報」には、少なくとも核ゲノムとミトコンドリアゲノムの2種類の「自己複製する核酸」が含まれるということである。

もちろんヒトが持つ常在菌のゲノムは、ヒトのゲノムには含まれない。なぜなら、ヒトの場合、先天的とは「受精卵を通して」という意味であるからだ。常在菌ゲノムは受精卵を通さずに母親の胎盤や産道、さらには母乳や皮膚を通して親から「後天的」に受け取る遺伝情報である。

ちなみに、昆虫にはミトコンドリアのような細胞内共生をする細菌がたくさん存在し、両者ともこの共生なしでは生存できない場合が多い。しかし、ほとんどの共生細菌のゲノムは昆虫が「後天的」に受け取るため、昆虫のゲノムには含めない。ところが、ボルバキアという特殊な細菌は、宿主となる昆虫の雌の生殖細胞の細胞質にも侵入し、母性遺伝する形で「受精卵を通して」感染する。したがって少し違和感をともなうが、本書のゲノムの定義では、ボルバキアのゲノムだけは宿主となる昆虫のゲノムの１つに含まれるということになる。

ヒトが持つ２種類のゲノムの違い

ヒトのゲノムは、少なくとも核ゲノムとミトコンドリアゲノムの２種類で成り立つが、両者の間には次の通りさまざまな点で根本的な違いがある。

（1）起源（由来）

核ゲノムの起源は真核生物の祖先となった特殊な古細菌のゲノムで、ミトコンドリアゲノムの起源は、この古細菌の細胞質を生存環境として細胞内共生を始めた特殊な細菌（現在のαプロテオバクテリアの祖先）のゲノムである（細胞内共生説）。真核生物は古細菌と細菌の細胞内共生によって新しく創出され、現在のすべての真核生物は彼らの末裔といえる。ただ核ゲノムには、ミトコンドリアの祖先となったαプロテオバクテリアの祖先のゲノムの大部分が移行しており、ミトコンドリアゲノムはその残りだ。そのミトコンドリアゲノムにはｒＲＮＡの遺伝子が残留しており、その塩基配列は現在のαプロテオバクテリアのｒＲＮＡ遺伝子と類似性が極めて高い。

（2）遺伝情報の量と重複度

ヒト核ゲノムの場合、受精卵を通して「先天的に受け取るすべての遺伝情報」の総量は女性と男性で異なる。女性が両親から受け取るのは、22本の常染色体を2セットと、性染色体であるX染色体を2セットの合計46本で、その遺伝情報の総量は62億塩基対にのぼる。一方、男性が受け取るのは、22本の常染色体を2セットと、性染色体であるX染色体1セット、Y染色体1セットだ。染色体の合計は女性と同じ46本だが、遺伝情報の総量は61億塩基対と女性より1億塩基対も少ない。これは、男性だけが持つY染色体の遺伝情報の量がX染色体よりその分だけ少ないためである。ただし、公表されたヒト核ゲノムの遺伝情報は31・２億塩基対である。これは、常染色体22本＋性染色体Ｘ＋性染色体Ｙの遺伝情報の総数であるため、「ヒト核ゲノムの遺伝情報を過不足なく示したもの」に相当する。

一方のヒトミトコンドリアゲノムは、核ゲノムのような染色体という構造は作らず、たった１種類の小さな環状のＤＮＡで、遺伝情報の量はわずか１万６５００塩基対だ。ただ、受精卵はほぼ同じ塩基配列を持つミトコンドリアゲノムを、母親から数十万セットも重複して受け取るため、遺伝情報の総量は核ゲノムの総量を少し超えることになる。

（３）遺伝様式

受精卵は母親と父親の核ゲノムをそれぞれ１セットずつ受け取る。したがって、すべての常染色体は重複するが、性染色体は女性がＸＸで重複し、男性はＸＹとなり重複しない。

一方、ミトコンドリアゲノムはすべて母親由来である（母性遺伝）。精子のミトコンドリアは数が少ないだけでなく、そのなかにあるミトコンドリアゲノムは受精前に消失しているか、あったとしてもすぐにミトコンドリアごと受精卵から除去されてしまう。

(4) 分配方法

受精卵は、すぐに個体形成のために卵割(細胞分裂)を繰り返す。核ゲノムは細胞分裂の前に複製されるため、1回の細胞分裂でできる2つの娘細胞は、原則として受精卵とまったく同じ核ゲノムを受け取ることになる。その際、核ゲノムの娘細胞への分配は過不足のないように、正確にコントロールされている。

一方、ミトコンドリアゲノムは母親由来で、ほぼ同じ塩基配列を持つゲノムが多数存在しており、娘細胞への分配はランダム(偶発的)である。

ヒト核ゲノムの全貌

ここまで、ゲノムの定義やヒトが持つ2種類のゲノムの違いを説明してきた。では、ゲノムには具体的にどんな遺伝情報が保存されているのか。基本知識の話が長くなるが、もう少しお付き合いいただきたい。

公表されたヒト核ゲノムの全塩基配列(31・2億塩基対)は、大きく「転写領域」と「非転写領域」の２つに分けられる（図表２‐２）。

転写領域とはＲＮＡに転写される領域、つまり遺伝子領域のことであり、ゲノム全体に占める割合は４割ほどだ。この領域には、転写後さらにタンパク質に翻訳される遺伝子（タンパク質遺伝子）と、転写されたＲＮＡがそのまま生理機能を営む遺伝子（ＲＮＡ遺伝子）が含まれる（第３章で詳述）。

残りの６割が非転写領域である。ここは原則としてＲＮＡに転写されることはなく、その大部分の生理機能は不明で、さまざまな塩基配列が繰り返される反復配列となっている。ただ、この反復配列の繰り返しパターンには少なくとも２種類が存在するようだ（図表２‐２）。

（1）単純反復配列＝サテライトＤＮＡ（10%）

これは「短い塩基配列」を反復単位として、それが「連続的」に反復される領域である。例えばＴＡＣという反復単位が仮にあったとして、それがＴＡＣＴＡＣＴＡＣ……と何度も繰り返されているのが、サテライトＤＮＡだ。そのなかでとくに反復単位の塩基対の数が少ないものが、マイクロサテライトＤＮＡやミニサテライトＤＮＡと呼ばれている。

マイクロサテライトＤＮＡは２～５塩基対が反復単位となり、これが連続的に繰り返され

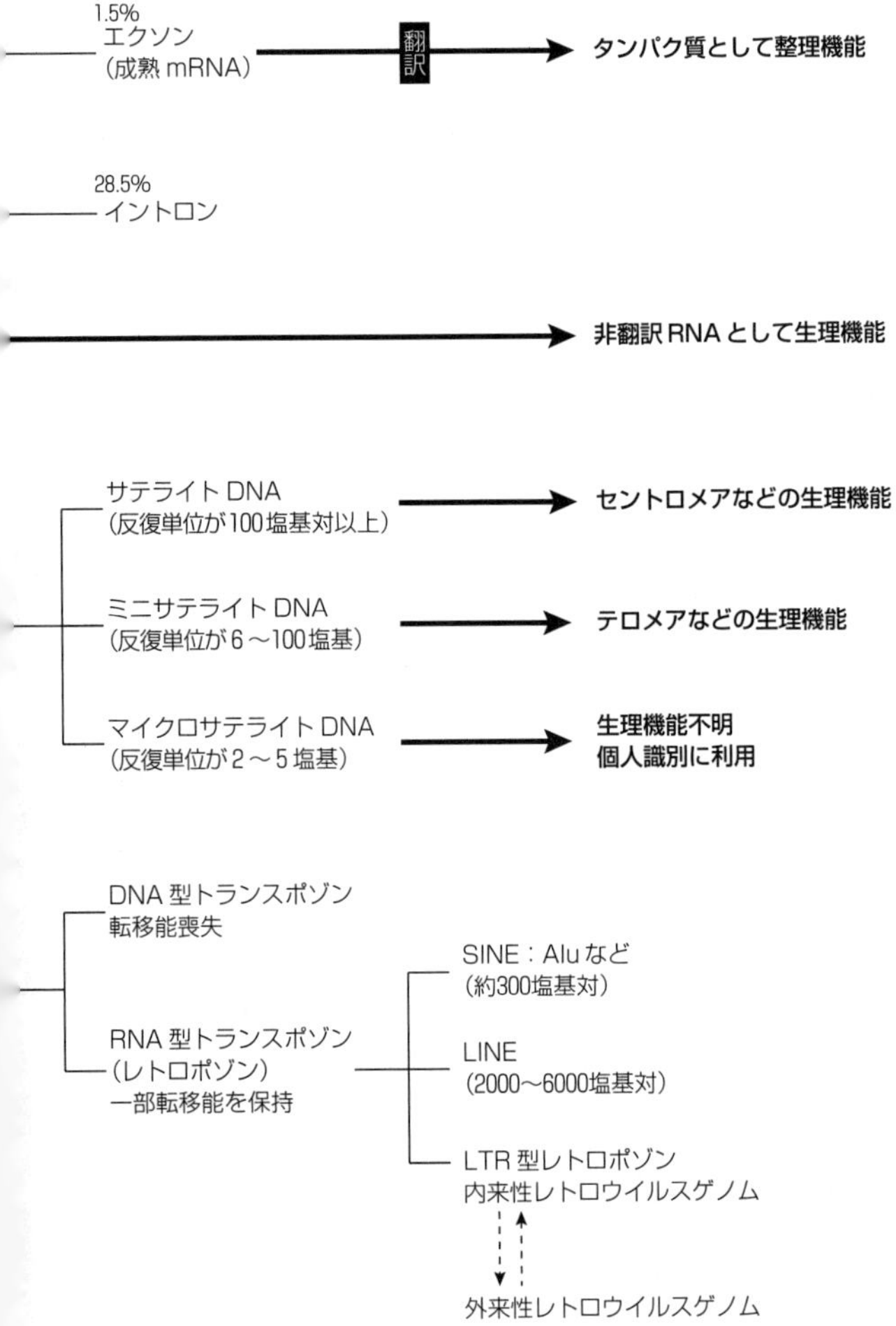
1.5%
エクソン
（成熟 mRNA）
翻訳
タンパク質として整理機能
28.5%
イントロン
非翻訳 RNA として生理機能
サテライト DNA
（反復単位が100塩基対以上）
セントロメアなどの生理機能
ミニサテライト DNA
（反復単位が 6 ～100塩基）
テロメアなどの生理機能
マイクロサテライト DNA
（反復単位が 2 ～ 5 塩基）
生理機能不明
個人識別に利用
DNA 型トランスポゾン
転移能喪失
RNA 型トランスポゾン
（レトロポゾン）
一部転移能を保持
SINE：Alu など
（約300塩基対）
LINE
（2000～6000塩基対）
LTR 型レトロポゾン
内来性レトロウイルスゲノム
外来性レトロウイルスゲノム

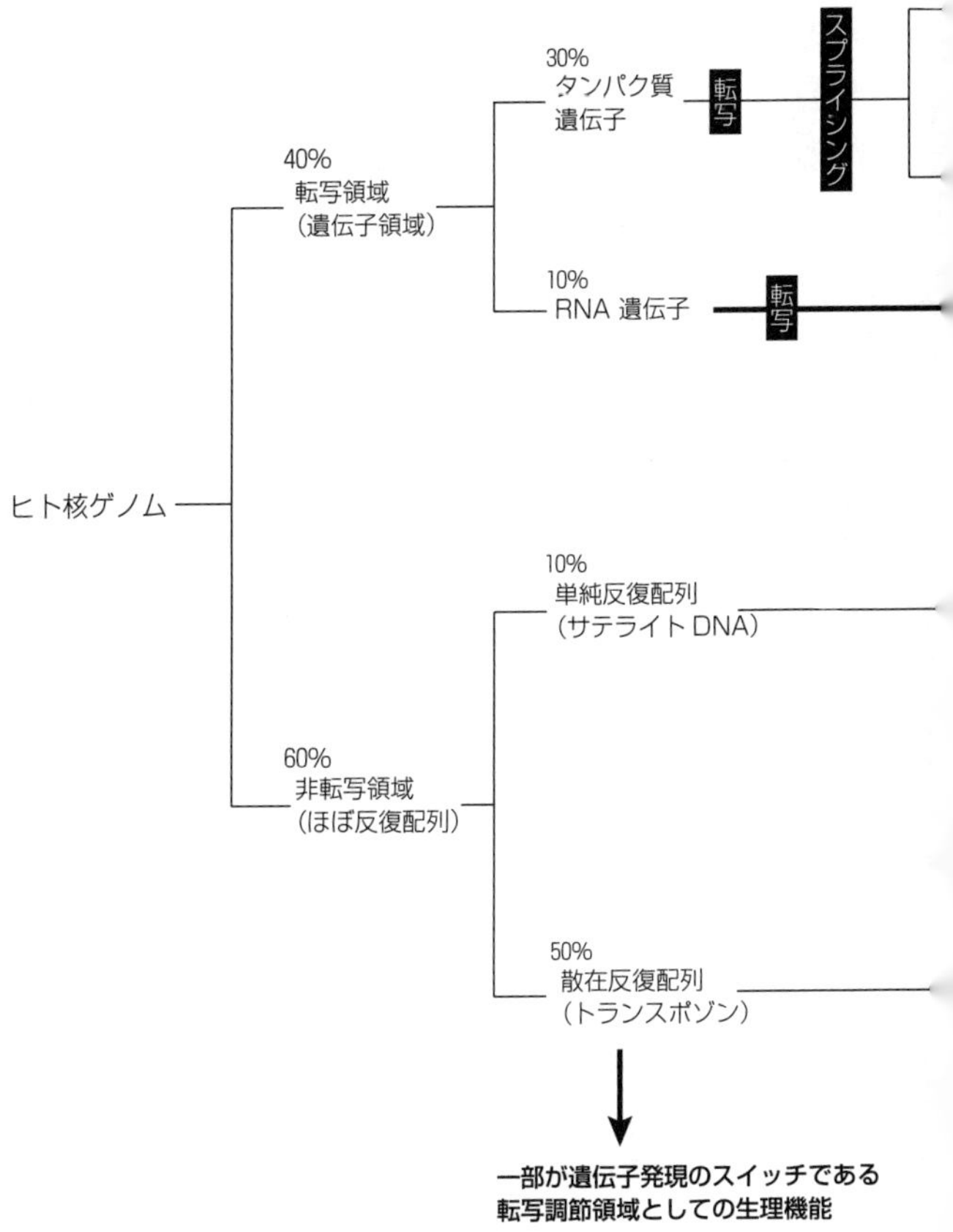

図表2-2　ヒト核ゲノムの全貌

ている領域である。特定の領域の反復単位の配列は同じであり、個人差が生まれるのは反復頻度だけだ。染色体上にはこのような領域が全部で16箇所ある。

１つの領域で、反復頻度の個人差が数通り以上存在するため、16箇所すべての領域でまったく同じ反復頻度を持つ別人は、少なく見積もっても４兆人に１人である。したがって、これを使ったＤＮＡ鑑定は揺るぎない個人識別が可能で、科学捜査などに活用されている。反復頻度の差ができる原因は、ＤＮＡ複製の際にこの領域内でズレが起こりやすく、新しい反復頻度が作り出されるためだが、この領域の生理機能は不明である。

ミニサテライトＤＮＡは6～１００塩基対が反復単位である。ＤＮＡ末端にあるテロメアもミニサテライトＤＮＡの一種で、ヒトでは6塩基対（ＴＴＡＧＧＧ）を反復単位として連続的に２０００回ほど繰り返されることで、ＤＮＡ末端を保護する生理機能を持つ。ただ、核ゲノムが自己複製するごとに、すべてのＤＮＡ末端から１００塩基対程度のテロメアが失われている。

（2）散在反復配列＝トランスポゾン（50％）

核ゲノムの半分を占める散在反復配列は、「長い塩基配列」を反復単位とする領域だ。この反復単位は連続して繰り返されているわけではなく、ゲノム全体に散在しており、その大部分は動く遺伝子（トランスポゾン：転移因子）ともいわれている。現在、この領域はほとんど転写されないため、トランスポゾンとして活動したのは過去の話だ。ＤＮＡ型トランスポゾンとＲＮＡ型トランスポゾン（レトロポゾン）があるが、ここでは圧倒的に多いレトロポゾンについて説明しよう。

　レトロポゾンの起源の一部は、レトロウイルス（エイズウイルスなど、逆転写酵素遺伝子を含むＲＮＡゲノムを持つウイルス）といわれているものの、逆に彼らがレトロウイルスの起源の可能性もある。真核生物の核ゲノムにだけ存在し、原則として自己複製と転移に必要な遺伝子を持つ。レトロポゾンの祖先のゲノムが真核生物の核ゲノムに挿入された後に、これらの遺伝子を使うことで、自身から転写されたＲＮＡをＤＮＡに逆転写し、それをゲノムの多様な場所に挿入（転移）してきた（図表２-３）。

　このレトロポゾンは大きく次の３種類（ＬＴＲ型、ＬＩＮＥ、ＳＩＮＥ）に分けられる。

　１つ目はＬＴＲ型だ。ここではその仲間である内在性レトロウイルスゲノムを説明しよう。起源は不明だが、可能性の１つとして過去に生殖細胞に感染し、核ゲノムに挿入された外来性レトロウイルスのゲノムが祖先とも考えられている（図表２-２、56頁）。この外来性レト

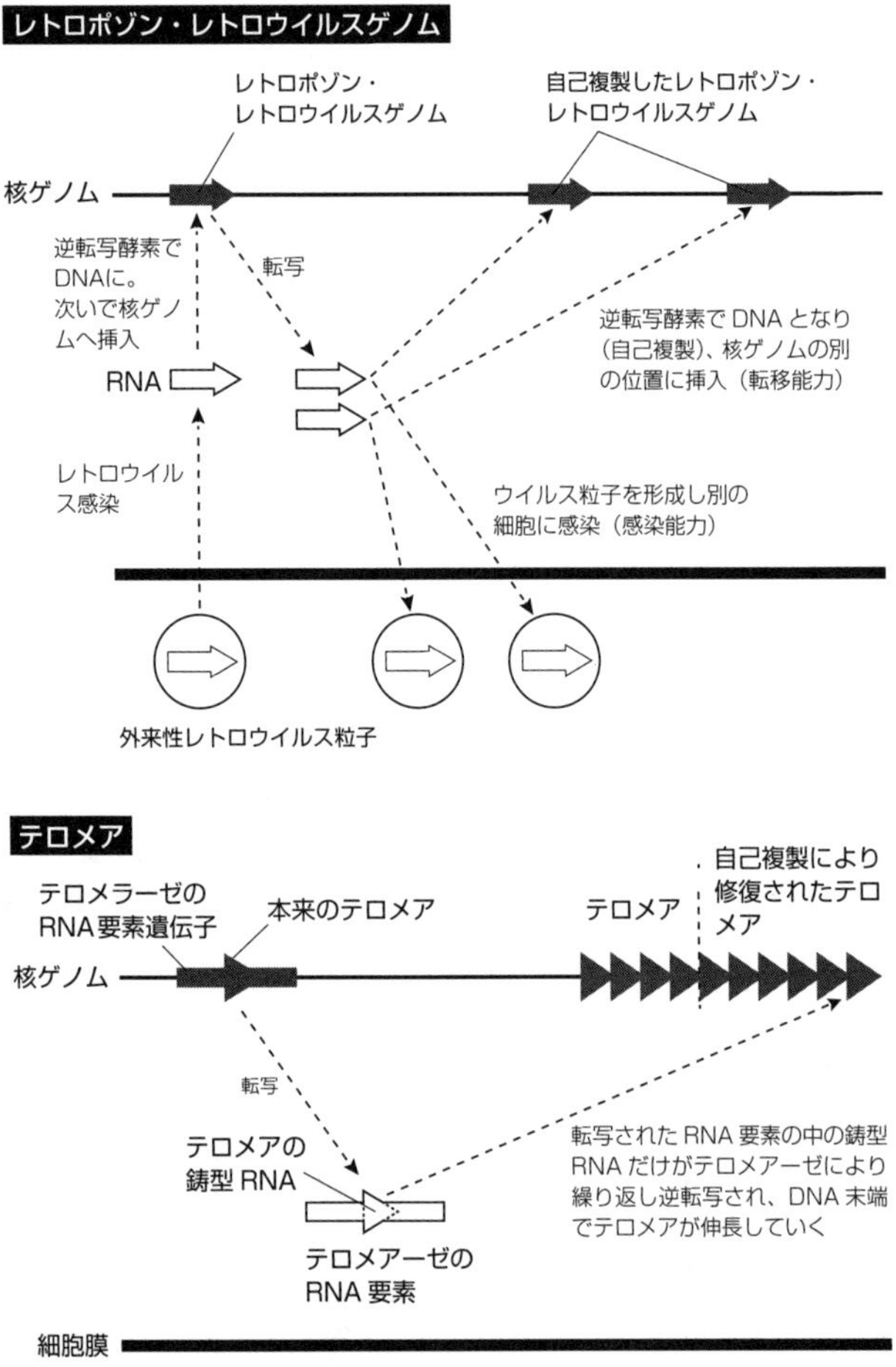

図表2-3　反復配列の自己複製

ロウイルスのゲノムは自己複製と転移に必要な逆転写酵素などの遺伝子を持つ。そして、自身のゲノムを核ゲノムに挿入した後、転写してできた自身のＲＮＡをＤＮＡに逆転写して、核ゲノムの別の領域に挿入する「転移能力」（図表２-３）と、ウイルス粒子を形成して細胞から細胞へ感染する「感染能力」の両方を持っている。こうして核ゲノムに挿入された外来性レトロウイルスゲノムは、その後の突然変異により、「感染能力」を失って内在性レトロウイルスゲノムとなった可能性があるといわれている（逆の可能性もある）。今では転写も抑制されて、「転移能力」も休止しているが、彼らが持ち込んだ遺伝子は、現在ではウイルスとは関係のない別の生理機能に転用されている場合もある。

２つ目のＬＩＮＥは、長さは平均１２００塩基対で50万コピーほど存在し、ヒト核ゲノム全体の20％を占めている。ＬＩＮＥの起源も不明だが、内在性レトロウイルスゲノムと同じように転移に必要な逆転写酵素遺伝子などや「転移能力」を持つ。しかし、内在性レトロウイルスゲノムと違い、感染に必要な遺伝子や「感染能力」ははじめから存在しなかった。今ではほとんど転写されておらず、「転移能力」は休止しているが、一部の細胞では、何かのきっかけで転移が起こり、細胞のがん化などの原因となる場合がある。

最後がＳＩＮＥだ。ヒト核ゲノムには、霊長類の祖先が獲得したAluという特殊なＳＩ

ＮＥが存在する。長さは平均３００塩基対で１００万コピーほど存在し、ヒト核ゲノム全体の10%を占めている。ＬＩＮＥと同じように「転移能力」を持つが、「感染能力」ははじめからない。

ＳＩＮＥやAluは、それぞれレトロウイルスゲノムとはまったく関係のない、ｔＲＮＡ遺伝子や７ＳＬ ＲＮＡ遺伝子を起源とするが、転写されてもｔＲＮＡや７ＳＬ ＲＮＡとしての生理機能は持たず、そのまま逆転写でＤＮＡになり、ゲノムの他の場所に転移する。逆転写酵素などの遺伝子もはじめから持たないが、ＬＩＮＥから転写・翻訳される酵素を借用して自己複製し転移するようだ。他のレトロポゾンと同様に「転移能力」は休止しているが、一部は生殖細胞のゲノムで活性化されて転移を始めることがある。なお、Aluを含むＳＩＮＥは、塩基配列そのものが種を超えて変化しない（保存されている）ことがあり、その場合は、転写調節領域（遺伝子のスイッチ）などとして、重要な生理機能を営んでいることが多い。

ヒトミトコンドリアゲノムとは

続いてはミトコンドリアゲノムについてである。

実は、ヒト核ゲノムの概要塩基配列が明らかになる20年以上も前に、ヒトミトコンドリアゲノムの解読は完了していた。ここには核ゲノムにあるような反復配列などはまったく存在せず、ゲノムの95％が転写され、遺伝子として機能している。つまり、ヒトミトコンドリアゲノムはまさにゲノムの語源通り、遺伝子の集合体といえる。

残りの5％は転写されないものの、ゲノムの自己複製や転写の開始場所としての生理機能がある。極めて無駄のない作りだ。このようなゲノムの有効利用や、ゲノムが環状であるという点は細菌のゲノムと共通で、その起源が細菌の祖先であるという細胞内共生説の有力な根拠の1つとなっている。

ヒトのミトコンドリアゲノムには13種類のタンパク質遺伝子に加え、22種類のｔＲＮＡと2種類のｒＲＮＡに転写されるＲＮＡ遺伝子が存在している。ミトコンドリアゲノムのタンパク質遺伝子の翻訳は細胞質ではなく、ミトコンドリア内にある独自の翻訳系で、独自のｔ

ＲＮＡやｒＲＮＡを用いて完了し、できあがった13種類のタンパク質はすべてミトコンドリア内でのエネルギー産生に関与している。

ただし、その祖先となった細菌のゲノムからは、すでに大部分の遺伝子が核ゲノムに移行しており、核ゲノムにあるこれらの遺伝子は、細胞質で翻訳されてからミトコンドリアへ運ばれて生理機能を果たしている。つまり現在、ミトコンドリアの生存はその大部分を核ゲノムに依存しており、ミトコンドリアだけを細胞から取り出して培養することはできない。

では、私たちが持っているヒトミトコンドリアゲノムを近縁種のものに置き換えても私たちは生存できるだろうか？　ヒトでこれを確かめることはできないが、ヒトの培養細胞を用いた実験の例ならある。その実験によると、実際にヒトのミトコンドリアゲノムをチンパンジーのものに置き換えても、エネルギー産生能はそれほど低下しない。ただ、ゴリラのミトコンドリアゲノムに置き換えるとかなり低下する。さらに、マウスのミトコンドリアゲノムはヒトの培養細胞のなかでは自己複製することすらできない。どうやら、各生物の核ゲノムとミトコンドリアゲノムは、それぞれの独立性を保ちながらも共進化しているようだ。

私たちは無性生殖もしている

さて、哺乳類が子孫を残す方法は有性生殖（親とは違うゲノムを持つ子を作る方法）であり、無性生殖（親と同じゲノムを持つ子を作る方法）はしない。有性生殖で子孫を作るためには、必ず雌と雄が必要で、減数分裂という特殊な細胞分裂（第6章参照）によってできた、生殖細胞（卵と精子）同士が細胞融合（受精）することで、親とは違うゲノムを持つ子どもが誕生する。

しかし、私たちは秘かに無性生殖もしている。といっても、植物のように有性生殖に加えて、体（茎など）の一部を使って子孫を作るという無性生殖ができるわけではない。では、細胞分裂が無性生殖に相当するのだろうか？　確かに私たちは、受精卵を出発点とした細胞分裂により多細胞生物になる。この細胞分裂は、細菌のような単細胞生物では子孫を作る方法であり無性生殖といえる。しかし、多細胞生物の場合、細胞分裂は子孫を作るためではなく、多細胞からなる個体を作るためなので、これは無性生殖ではない。

実は、無性生殖をしているのは、私たちの細胞のなかに棲んでいるミトコンドリアという

「生物」なのである。ミトコンドリアは細菌と祖先を共有しており、今でも単細胞生物である細菌と同じように「細胞分裂」という無性生殖により、真核生物の細胞質を生存環境として子孫を作り続けている。しかも、私たちが親から受け継ぐミトコンドリアはすべて母親からであり、ミトコンドリアは母親由来のクローン生物といえる。ただし、ミトコンドリアの「細胞分裂」は、一般的に「分裂」と表現されている。

ここで、私たちの体を作る細胞（体細胞）の細胞分裂は無性生殖ではないにもかかわらず、その体細胞を生存環境としたミトコンドリアの分裂を無性生殖としていいのだろうかと考えた読者もいると思う。だが、ミトコンドリアはあくまでも単細胞生物であり、生存環境が体細胞であれ生殖細胞であれ、その分裂はいずれもミトコンドリアが子孫を残すための無性生殖なのだ。ミトコンドリアが体細胞と生殖細胞のどちらを生存環境として選ぶかは、あくまでも偶然である。

ただし現在のミトコンドリアは細菌とは異なる形をしている。ミトコンドリアはお互いに融合し合って粒子状から網状となり、ミトコンドリアゲノムはそのなかに分散している。つまり、1つの網状のミトコンドリアのなかには多数のミトコンドリアゲノムが存在しており、ミトコンドリアゲノムが自己複製した後に、必ずミトコンドリアが分裂するわけではない。

ミトコンドリアは「細胞」のなかにある「細胞」

生物は細胞を基本単位とし、ゲノムに独自のｒＲＮＡ遺伝子を持ち、細胞質に独自の翻訳系（リボソーム）を持っている。ところが、ミトコンドリアや葉緑体も、例外なく独自のｒＲＮＡ遺伝子と独自の翻訳系を持つことから、今でも細胞を基本単位とする生命（生物）としての条件を十分に満足している。さらに、これら細胞小器官を被う２枚の膜のうち内側の１枚（内膜）は、祖先となった細菌の細胞膜の名残とされている。したがって、細菌の末裔である両者は、真核生物の「細胞」のなかにある原核生物の「細胞」と見ることができるのである。

しかし、例えば現在のミトコンドリアの認識は、もはや私たちの細胞のなかにある細胞小器官の１つであろう。皆さんも学校の授業でそう習ったに違いない。ただ、そういう認識だけをしていると、せっかくの魅力ある景色を見逃してしまうことになる。

それは、すでに述べたように、今でもミトコンドリアは細胞を基本単位とする単細胞生物であるという景色だ。ミトコンドリアの祖先とされる細菌は、地球上に存在したさまざまな生存環境のなかから、当時出現しつつあった真核生物の「細胞質」という極めて安全で栄養十分のユニークな場所を生存環境として選択して棲みつき、今でも細胞分裂という無性生殖により子孫を残している。

さらに、ここからはもう1つ別の景色も浮かび上がってくる。それはヒトという生物の新たな捉え方で、ヒトが有性生殖をする真核生物と、その細胞質で現在でも無性生殖を貫く原核生物の2種類の生物で成り立つ「複合生物」であるという景色である。

レトロポゾンは「ゲノム」のなかにある「ゲノム」

では、核ゲノムのなかにあるレトロポゾンはどうだろうか？　実はこれも別の生命といえるのかもしれない。

第1章では、生命を定義する際に「細胞」という制約を外して自由になると、これまで見えてこなかった新しい景色が見えてくると述べた。その1つは、生命は「核酸の自己複製」

という化学反応そのものではないかという景色で、もう1つはウイルスだけでなくウイロイドも生命に含まれるという景色であった。ウイロイドは、ゲノムそのものが生命であることから、「ゲノムだけでできている生命」も存在することになる。そして、このウイロイドを生命の仲間に入れることで、驚くような（3つ目の）景色が見えてくるという話になった。

そして、その景色とは、ヒト核ゲノムの半分を占める散在反復配列の多くは、「核ゲノム」のなかにある「古代生命のゲノム」だということである。過去に核ゲノムに侵入したレトロポゾンは繰り返し転写されて、逆転写酵素によりDNAとなる自己複製が行われ、それが核ゲノムに挿入された結果、散在反復配列となったと推定されている（図表2-3、60頁）。レトロポゾンはまさに「自己複製する核酸（ゲノム）だけでできている生命」であるといえるのだ。現在の散在反復配列は、この起源不明の謎の古代生命が、かつて核ゲノムに棲みつき、独立して自己複製を繰り返した名残ということになる。

さらに、レトロポゾンは普段は核ゲノムの一員として振る舞い、いわゆる有性生殖に参加するが、今も何かがきっかけでRNAに転写されると、逆転写でDNAになるという無性生殖により自己複製し、それが核ゲノムに挿入される。その意味では、私たちのミトコンドリアは細胞質で無性生殖を、レトロポゾンは核ゲノムのなかで無性生殖をしていることになる。

ただ、現在のところレトロポゾンの多くは転写されずに活動を停止しているため、核ゲノムの非転写領域に含まれている（図表2-2、56頁）。

活動を完全に停止しているレトロポゾンは、そのゲノムのあちこちに自己複製を阻害する致命的な突然変異が入り、現在では「古代生命のゲノムの痕跡」となっている。実はこの痕跡の一部は進化的に保存されていることから、古代生命のゲノムの痕跡自体が変化することの許されない、何か重要な生理機能を果たしている可能性があるとされている。

一方、前述の通りごく稀に今でも活動を再開するレトロポゾンもあり、これは古代生命の痕跡などではない。なぜなら、転写されると同時に自己複製を再開するからである。普段は核ゲノムの強烈な支配により転写が完全に抑制されているが、何かのきっかけでその枷《かせ》が外れると、ただちに自己複製して転移し、ときとして細胞をがん化させたりする。このようなレトロポゾンは現代に甦った「古代生命」といえるのではないだろうか。まるで映画『ジュラシック・パーク』で、絶滅した恐竜が最新のテクノロジーを駆使することで現代に復活するような話である。ただ、この話はフィクションなどではない。

本書では、プラスミドやウイロイドのように、ゲノムだけでできているものも生命であるとした。レトロポゾンもその仲間だといえよう。彼らは細胞を基本単位としない生命たちで、しかもゲノム以外のいかなる構造物も形成しない。一方、ウイルスも細胞を基本単位としない生命だが、ゲノムだけでできている生命には含まれない。なぜなら、ウイルスはゲノム以外の構造物（ウイルス粒子）を形成するからである。ただし、これらの生命たちがどのような起源を持ち、どのような類縁関係にあるのかはまったくの謎である。

本当に驚くべき新風景

さて、本当に面白いのはここからかもしれない。最後の主役はテロメアである。すでに単純反復配列のミニサテライトＤＮＡの仲間として紹介したが（図表２‐２、56頁）、わずか６塩基対からなる彼らは、各染色体の末端で何度も反復して末端を保護する生理機能を持つ。

実は、原核生物から真核生物が誕生する際に、ゲノムが環状から線状に変化したことで、自己複製するたびに末端を少しずつ失うという致命的な問題が発生した。真核生物がこの問題を解決できたのは、線状になった核ゲノムの末端を保護するテロメアという単純反復配列の獲得と、核ゲノムが自己複製するたびに短くなるテロメアを修復できるテロメラーゼという特殊な逆転写酵素などの遺伝子を獲得したからである。ただ、大部分の体細胞でテロメアは修復されず、これが原因で細胞分裂は停止し、老化の原因の１つとなっている（第５章参照）。しかし、がん細胞ではテロメラーゼ遺伝子が発現し、短くなったテロメアを修復できるため、細胞分裂は継続される。

実のところ、失われたテロメアを修復することは、テロメアを自己複製することに他ならない。本書のゲノムの定義を適用するなら、テロメアは自己複製する核酸そのものであり、レトロポゾン同様に「ゲノムだけでできている生命」ということになる。

ただし、テロメアは自己複製のために自身が転写されるのではなく、核ゲノムのなかのまったく別の場所にあるＲＮＡ遺伝子が転写される。この転写されたＲＮＡのごく一部の塩基配列が鋳型となり、テロメラーゼによって繰り返し逆転写された結果として、テロメアは次々に自己複製されるのである（図表２-３、60頁）。

第１章で提案した「自己複製する核酸（ゲノム）を持つもの」という生命の定義は、生命と物質との間にある明瞭な境界線を示しており、ウイルスを含むすべての生命を包括できた（図表１-１、27頁）。本章ではこの生命の定義に従い、核ゲノムを生存環境として自己複製したレトロポゾンを古代生命としたうえで、ここではテロメアも生命に含めようとしている。

もちろん、わずか6塩基対しかないテロメアを生命とすることに対する違和感はとても大きいはずだ。そもそもレトロポゾンを生命とした時点からテロメアに至るまで、徐々にこの違和感が強くなってきたのではないだろうか。そこで、この違和感の原因がどこにあるのかということを一つ一つ吟味してみよう。

最初の違和感は、核ゲノムにあるレトロポゾンを、ゲノムだけでできている生命とした点にある。レトロポゾンの1つである内在性レトロウイルスゲノムの起源は不明だが、生命である外来性レトロウイルスのゲノムにある遺伝子とまったく同じ遺伝子を持つ。両者の違いは前者が致命的な突然変異によりウイルス粒子の形成ができず、感染性を失った点だ（逆の可能性もある）。しかし、自身が転写され、これをDNAに逆転写してから核ゲノムに挿入することはできる。つまり内在性レトロウイルスは感染性を失っているが、自己複製はできるので、やはりゲノムだけでできている生命といえるのではないだろうか。

続いての違和感は、タンパク質に翻訳される遺伝子を持たないレトロポゾンであるSINEも、ゲノムだけでできている生命とした点だろう。SINEは、自己複製に必要な逆転写酵素遺伝子を含めて、遺伝子のすべてをLINEや宿主に依存している。しかし、寄生する生命は、自身のゲノムの自己複製に必要な遺伝子を多かれ少なかれ宿主に依存している。そのすべてを依存したとしても、生命から除外する理由にはならないはずだ。

そして、最後で最大の違和感は、自己複製の際に自身の配列を使わないテロメアを生命とした点にある。ＳＩＮＥですら自己複製の際は自身の配列が鋳型となって転写される。その意味ではＳＩＮＥ自身がＲＮＡ遺伝子であることになる。しかし、テロメアは自身が鋳型にすらならず、自己複製に必要な遺伝子や鋳型もすべて宿主に依存している。

では、核酸の自己複製の際に、自らの配列を使わない（鋳型としない）場合は自己複製ではないのだろうか？「自己複製」とは「自力」ではなく、「自分」を複製するという意味であると本書では述べたが、それに当てはめてみても、テロメアは自身を鋳型としない点で、一見その複製は自己複製ではないように思える。

しかし、ここで発想を変えてあらためて図表２－３（60頁）を見てほしい。テロメアの鋳型となる部分、つまり、転写されてテロメラーゼのＲＮＡ要素となるＲＮＡ遺伝子の一部分こそが〝本来のテロメア〟であり、そこから転写された後、テロメラーゼで大量に逆転写されたテロメアが染色体の末端部分に挿入されていると解釈できないだろうか。そう考えると〝本来のテロメア〟はＳＩＮＥと同じになる。つまり、両者は自身を鋳型として転写されたＲＮＡを、逆転写酵素でＤＮＡへと自己複製し、それを核ゲノムの別の場所に挿入するという特徴を共有しているのである。

したがって、テロメアはわずか6塩基対のＤＮＡだけで成り立つ地球最小の生命といえるのではないだろうか。そしてこれこそが、生命を定義する際に「細胞」という制約から自由になると見えてくる４つ目の景色なのである。

では、テロメアの生命らしさとはなんだろう？　おそらくそれは、他のすべての生命と同じように「子どもを作ること」ではないだろうか。もちろん、ヒトの場合は「核酸の自己複製」が「子どもを作ること」には相当しない。しかし、ゲノムだけでできている生命の場合は、このテロメアも含めて「核酸の自己複製」は、そのまま「子どもを作ること」と同じことになる。そして、生命としてのテロメアがその子どもを作り続けることで、核ゲノムの末端を保護しなければ、私たちはまともな真核生物になれなかったかもしれない。

「生命」の基本単位とは何か

本書では、テロメアを生命とすることに対する違和感を認識したうえで、〝本来のテロメア〟がまさに自己複製する核酸で、かつRNA遺伝子の一部でもあると解釈した。そうすることで、ゲノムだけで成り立つプラスミド、ウイロイド、レトロポゾン、そしてテロメアというユニークな生命の存在を浮き彫りにできたのではないだろうか（図表1‐1、27頁）。

このように、さまざまな制限をすべて取り払った自由な視点を持つと、「生物の基本単位は細胞である」のに対し、「生命の基本単位はゲノムである」という極めてシンプルな新生命観に辿り着く。そして、これが「細胞」という制約を外して自由になると見えてきた最後（5つ目）の景色なのである。

この新生命観は私たちヒトの見え方も変えてくれる。先ほどヒトは真核生物と原核生物の細胞内共生で成り立つ複合生物であるとお伝えした。しかし、「生命の基本単位はゲノムである」という新生命観から見えてくるのは、これとは別の景色である。おびただしい数のレトロポゾンという謎の古代生命やテロメアという地球最小の生命が、私たちの核ゲノムのなかに生息しているということは、ヒトはこれらの多彩なゲノムを持つ生命たちによって、総合的に作り上げられているのだといえるのではないだろうか。

＊

「ゲノムとは何か」という謎を解く旅はここで終わりである。本章ではヒト核ゲノムを構成する非遺伝子領域を中心に述べてきた。ゲノムの本来の意味は「遺伝子の集合体」であるが、ヒト核ゲノムの場合、全体の半分以上が遺伝子ではなかった。では、残りの遺伝子領域はどのようになっているのだろうか。

ここからお話ししたいのは「遺伝子」についてだ。ここまで「遺伝子」という用語をきちんと定義せずに使っていた。しかも、ＲＮＡ遺伝子などという奇妙な用語も丁寧な説明なしに使ってしまった。もしかすると、これまで習った遺伝子の概念とはだいぶ隔たりがあったかもしれない。そこで次は、新しい生命観を提供する最後のツアーとして、そもそも「遺伝子とは何か」という謎を探るツアーを始めよう。

第３章

遺伝子とは何か

ヒト核ゲノムの完全解読などにより、その転写領域（遺伝子領域）は全体の約４割を占めることが明らかとなった。一方で、実際にタンパク質にまで翻訳される領域は１・５％にすぎない。遺伝子数でいえば２万個である。ここでいう遺伝子は、ゲノムからＲＮＡに転写され、タンパク質に翻訳されるものを指している。

では、転写領域の残りの38％超は何をしているのか。実は、ゲノムから転写されたＲＮＡのなかには、タンパク質に翻訳されずにＲＮＡのまま生理機能を営むものもあるのだ。このようなゲノムの領域も遺伝子に相当するが、この事実はおそらく一般にはあまり浸透していない。そこで、第２章でのゲノム概念の見直しに続いて、本章では遺伝子の概念も見直してみよう。

一般的な遺伝子の定義

教科書や辞書を含めた書籍で、遺伝子はおおむね次のように定義されることが多い。

① 特定の遺伝形質（親から子に伝わる先天的な特徴）を規定する因子で

② ゲノムからＲＮＡに転写され、タンパク質に翻訳される領域（図表３‐１）

したがって、遺伝子に突然変異が生じれば、遺伝形質も影響を受けることになる。ではこの場合、具体的にどのような遺伝子が、どのような遺伝形質を、どのように決めているのだろうか？　そして、遺伝子の突然変異は遺伝形質にどのように影響するのだろうか？

このことを筆者が昔の教科書で習ったのは、エンドウの種子の形に関係する遺伝形質だった。遺伝子の定義で使われている「特定の遺伝形質」に相当するのが、エンドウの種子の形

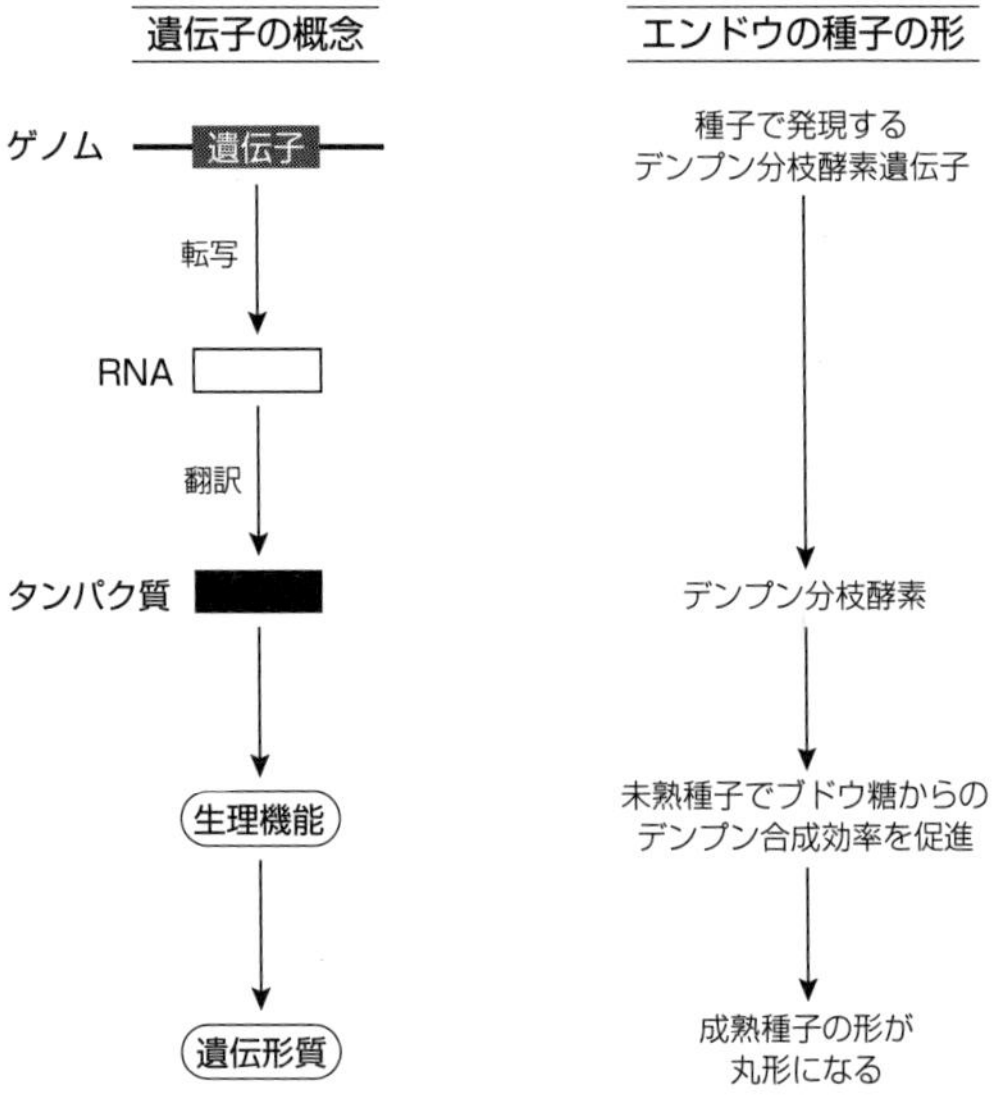

図表3-1　これまでの遺伝子の概念

で、「丸形か／シワ形か」という先天的な特徴である。しかし、当時はどのような遺伝子がこれに関係しているのか不明であった。近年、それがエンドウの核ゲノムにある「デンプン分枝酵素遺伝子」であること、そして、この遺伝子に生じた突然変異が、どのようにして種子の形という遺伝形質を決めるのかが、ようやく明らかになった（同図表）。

　デンプン分枝酵素は、未熟種子のなかでブドウ糖からデンプンへの合成効率を高めるという生理機能を持つ。このため、この酵素が正常な種子はデンプンを効率よく蓄積して丸形となる。一方、突然変異によりこの酵素が生理機能を失うと、効率よくデンプンになれなかったブドウ糖が種子に残ったままになる。このブドウ糖によって種子の浸透圧が上昇し、水分を過剰に吸収して、種皮が過度に膨張する結果、種子が成熟して乾燥する過程で、種皮がシワ形になるのだ。

　エンドウと同じように、ヒトでも遺伝子の突然変異が、遺伝形質にさまざまな影響を与えることが分かっている。近年の研究により、これまで獲得形質（親から子に伝わらない後天的な特徴）と思われていたもののなかに、実は遺伝形質（親から子に伝わる先天的な特徴）が含まれていることも明らかになってきた。その一例が「お酒の強さ」だ。

　それまで、お酒への強さは飲むことで鍛えられる獲得形質とも考えられてきた。しかしこの特徴は、アセトアルデヒド脱水素酵素遺伝子に存在する突然変異の有無によって決められている遺伝形質である。お酒を飲むと、そのなかに含まれるエチルアルコール（俗にいうアルコール）は、胃や小腸で吸収されて血液中に入り、肝臓で分解される。そのおおまかな流れは、まずアルコール脱水素酵素の働きで、アルコールがアセトアルデヒドに分解され、さらにアセトアルデヒド脱水素酵素の働きで酢酸に分解されるというものだ。

　アセトアルデヒドには強い毒性があり、吐き気や頭痛を引き起こすものの、この酵素のおかげですぐに無害な酢酸になる。ただ、この酵素の遺伝子にある突然変異が生じると、酵素活性がほとんどなくなってしまう。そのため、この突然変異を両親から受け取った場合は、有害なアセトアルデヒドを分解できにくくなり、お酒に弱くなるのである。ちなみに、この突然変異はとくに日本人を含む東アジア人に多いことが分かっている。

　もう１つ、ヒトの事例を紹介しよう。それは性別だ。私たちが女性になるか男性になるかも、遺伝形質の１つである。実は、男性だけが持つＹ染色体にある１つの遺伝子の働きで、男性という遺伝形質が発現することがすでに明らかになっている。

　私たち哺乳類の多くは体の基本型が雌であり、雄になるためには特別な遺伝子を必要とすることが以前から分かっていた。なぜなら、雌の性染色体がＸＸ型であるのに対して、雄の場合はＸＹ型であり、雄になるために必要な遺伝子がＹ染色体上にあると推察できるからだ。この場合、「特定の遺伝形質」に当たるのが雌か雄かという「性差」で、「転写・翻訳されてタンパク質になる領域」に当たるのが、「Ｙ染色体性決定領域遺伝子（性決定遺伝子）」である。

しかし、性決定遺伝子だけで、雄という複雑な遺伝形質ができあがるのかというと、そうではない。この遺伝子から転写・翻訳されたタンパク質は、他の遺伝子の転写を促進する転写因子（後述）で、具体的には精巣形成に必要な複数の遺伝子の転写を、まるごと促進する生理機能を持っている。つまり、このタンパク質が作られることで精巣形成に必要な遺伝子のセットが発現し、その結果、卵巣ではなく精巣が作られるのである。ただし、こうして精巣ができたからといって雄になるわけでもなく、そこから男性ホルモンが十分に分泌される必要がある。性別という遺伝形質が決まるプロセスは極めて複雑なのだ。

遺伝子の定義で議論すべき点

先に紹介した通り遺伝子には、「特定の遺伝形質を規定する因子」と、「ゲノムから転写・

翻訳されてタンパク質になる領域」という2つの定義がある。ただこれらの定義には、それぞれ次のような議論すべき点がある。

まずは「特定の遺伝形質を規定する因子」について考えてみよう。注目するのは「遺伝形質」というところだ。確かにすべての遺伝形質は遺伝子によって規定されるが、逆にすべての遺伝子が遺伝形質を規定するとは限らない。遺伝子が規定しているのは、あくまでも「生理機能」であり、それが必ずしも目に見える、あるいは認識できる遺伝形質にまで到達するとは限らないのである。もう少し詳しく説明しよう。

ヒト核ゲノムの全貌が明らかになったとき、これまでに知られていた遺伝子に加えて、タンパク質に翻訳されるであろう、新たな領域もたくさん見つかった。それらは、ひとまず生理機能未知の遺伝子としたうえで、核ゲノムに存在する遺伝子をカウントしたところ、その数は2万個であると計算された。

生理機能や遺伝形質が未知の遺伝子の場合、まずはマウスなどを用いて、それに対応する遺伝子を人工的に破壊して影響を観察する。しかし実際のところ、マウスのいかなる遺伝形質も変化しないという奇妙な現象が頻発した。これはおそらく、遺伝子が必ずしも私たちが認識できる何かの遺伝形質を規定するとは限らないこと、そして、私たちの体は突然変異などで特定の遺伝子の生理機能が失われても、他の遺伝子を急遽転用して生理機能を補完し、異常な遺伝形質の発現を未然に防いでいる場合があることを示している。とすると、遺伝子の定義は、特定の「遺伝形質」というよりも特定の「生理機能」を規定する因子としたほうが、実情を反映するのではないだろうか。

続いて、もう１つの「ゲノムから転写・翻訳されてタンパク質になる領域」という定義も検討していきたい。通常、ヒト核ゲノムには２万個の遺伝子があるといわれている。言い換えれば、タンパク質に翻訳されるゲノム領域が２万個あるということである。また、生理機能を担うのはタンパク質で、遺伝子からタンパク質へと翻訳される過程でできるＲＮＡは一般的にはただの仲介者とされてきた。

しかし、転写されたＲＮＡのなかにはタンパク質に翻訳されず、ＲＮＡ自身がなんらかの生理機能を規定している場合もある。これらは非コードＲＮＡ（非翻訳ＲＮＡ）と呼ばれている（図表２-２、56頁）。有名な例としては、本書でもすでに登場したｔＲＮＡやｒＲＮＡだ。ｔＲＮＡはアミノ酸をリボソームに運搬する生理機能を、ｒＲＮＡは運搬されてきたアミノ酸同士を結合してタンパク質を作る生理機能を持つ。さらにこれらのゲノム領域は、すでにｔＲＮＡ遺伝子やｒＲＮＡ遺伝子と呼ばれ、一部の教科書などにもそう記載されている。

このように考えると、遺伝子の定義を「ゲノムから転写・翻訳されてタンパク質になる領域」に限定すると、矛盾が生じてしまうのではないだろうか。

以上のことから、本書では遺伝子の定義を次の通りとしたい。

①　特定の生理機能を規定する因子で

②　ＲＮＡに転写されるゲノム領域

こうすることで、遺伝子の定義に存在する窮屈な制限が取り払われたことになる。さらに本書では混乱を避けるため、タンパク質にまで転写・翻訳される遺伝子は「タンパク質遺伝子」とし、ＲＮＡに転写されるだけの遺伝子は「ＲＮＡ遺伝子」と呼ぶことにしたい（図表3-2）。転写されたＲＮＡや、ＲＮＡから翻訳されたタンパク質が具体的にどのような生理機能を規定するのかが未知であっても、ゲノム領域からＲＮＡに転写される限り、そこは遺伝子ということになる。

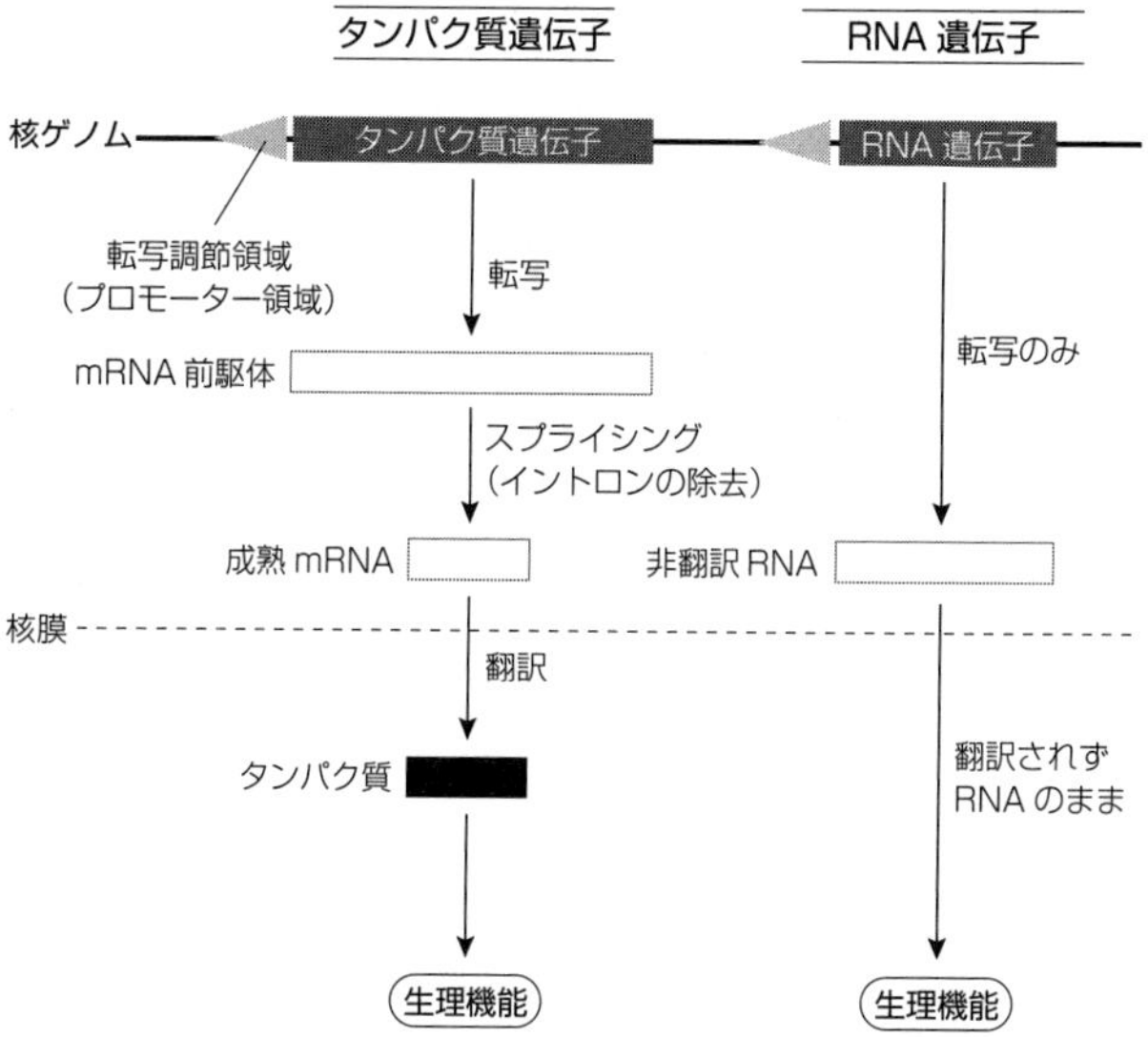

図表 3-2　核ゲノムの中の2種類の遺伝子

ヒト核ゲノムの転写領域

ヒト核ゲノムの転写領域はまさに先ほど本書で定義した遺伝子領域に相当し、全体の４割とされている。しかもその転写領域は、さらにタンパク質遺伝子とＲＮＡ遺伝子に分類することができる。ここではそれぞれの特徴を見ていこう。

タンパク質遺伝子（タンパク質に翻訳される遺伝子）

ヒト核ゲノムの３割は、従来の遺伝子の概念と同じタンパク質遺伝子である。その数は２万個で、他の哺乳類に比べ、とくに多いというわけではない。この領域はＤＮＡからＲＮＡ（ｍＲＮＡ前駆体）に転写されると、まずイントロンと呼ばれる部分が核内で除去される（スプライシング：図表３‐２）。残りのエクソン部分が結合して成熟ｍＲＮＡとなり、これが核から出て細胞質にあるリボソームで翻訳されてタンパク質になる。核ゲノムに占める遺伝子の割合が１・５％というのは、イントロンを除いた成熟ｍＲＮＡに対応するゲノム領域のことである。

イントロンの詳細な起源は不明だが、原核生物の一部の遺伝子にもイントロンは存在する。このため、イントロンは真核生物の祖先である古細菌やミトコンドリアの祖先である細菌によって、真核生物に持ち込まれた可能性が高い。細菌や古細菌でもイントロンは除去されるが、転写後すぐに翻訳も始まるため、イントロンがこれ以上増えると、翻訳は大きく遅れることになる。

一方、真核生物は核膜を獲得したことで、転写されたｍＲＮＡ前駆体は核内でイントロンが除去されて成熟ｍＲＮＡとなり、核膜を出てリボソームに移動してから翻訳される（図表３-２、87頁）。おかげで真核生物では、イントロンの爆発的増加も許容できるようになった。遺伝子が多数のイントロンで分断されていると、スプライシングの際に、異なったエクソンの組合せでイントロンを除去すること（選択的スプライシング）もできる。その結果、１つの遺伝子から複数の種類のタンパク質が翻訳できる利点があり、真核生物のなかで、このような仕組みを進化させたものだけが生き残ったようである。

ＲＮＡ遺伝子（タンパク質に翻訳されない遺伝子）

ヒト核ゲノムの１割を占めるＲＮＡ遺伝子とは、転写されたＲＮＡが翻訳されずに、そのまま生理機能を営む遺伝子のことである（図表３-２、87頁）。このようなＲＮＡは非翻訳ＲＮＡと呼ばれ、どのような生理的機能を果たしているのかを調べる研究が、近年、精力的に進められている。ただし、ほとんどのＲＮＡ遺伝子は、転写されたＲＮＡの生理機能が未だ不明な場合が多い。そこで、まずは生理機能が明らかかどうかにかかわらず、ゲノムから転写されるＲＮＡで、翻訳されないものはすべて非翻訳ＲＮＡとし、具体的な生理機能が明らかになった非翻訳ＲＮＡを機能性ＲＮＡと呼んでいる。

実は、このＲＮＡ遺伝子の数も２万個を超えることが分かった。したがって、遺伝子の定義を「ゲノムのなかの転写領域」とすると、ヒト核ゲノムに存在する遺伝子の数はタンパク質遺伝子の数と合わせて４万個以上になるので、誤解のないよう注意が必要である。

ここで重要なことは、レトロポゾンの仲間のＳＩＮＥは、タンパク質遺伝子を含まないとされているが、ＳＩＮＥは自己複製のためにＲＮＡに転写されるので、ＳＩＮＥ自身がＲＮＡ遺伝子ということだ。ただ、通常ＳＩＮＥは転写されないので、非転写領域に含まれる。

ちなみに、ウイロイドもタンパク質遺伝子を含まないとされているが、ＲＮＡ遺伝子はどうだろう？　ウイロイドは自身がＲＮＡゲノムであり、かつ生理機能を持つ非翻訳ＲＮＡ（機能性ＲＮＡ）である。ではＲＮＡ遺伝子はどこにあるのだろうか？　実は、ウイロイドの

ＲＮＡゲノムの自己複製は、同時にＲＮＡゲノムからＲＮＡへの転写と同じであると解釈できる。このため、ウイロイド自身がＲＮＡゲノムであり、ＲＮＡ遺伝子であり、かつＲＮＡ遺伝子から転写されてできた機能性ＲＮＡなのである。

ＲＮＡとタンパク質の協調

　ヒト核ゲノムにあるＲＮＡ遺伝子から転写されたＲＮＡは、ｔＲＮＡのように単独で生理機能を発揮できるものもある。しかし、多くの場合はタンパク質と協調してＲＮＡ・タンパク質複合体を作ることで、複雑な生理機能を達成している。

　その最も有名な例がリボソームで、ここでは４種類のｒＲＮＡと82種類のリボソームタンパク質とが、巨大なＲＮＡ・タンパク質複合体を構成し、成熟ｍＲＮＡからタンパク質への翻訳という重要な生理機能が営まれている。

　もう１つの例は、テロメアを修復するテロメラーゼである。ヒトの場合、テロメラーゼは１種類のＲＮＡと、少なくとも６種類のタンパク質（逆転写酵素を含む）で構成されるＲＮ

Ａ・タンパク質複合体である。テロメラーゼを構成するＲＮＡはＲＮＡ要素と呼ばれ、テロメアからではなく、核ゲノムの別の場所にあるＲＮＡ遺伝子から転写される（図表2-3、60頁）。このＲＮＡ要素に含まれる塩基配列のごく一部だけが繰り返し逆転写され、6塩基対のテロメア配列が連続的に複製されることで、テロメアが修復されるのだ。したがって、この6塩基対こそが〝本来のテロメア〟であり、この最小の生命であるテロメアもＳＩＮＥやウイロイドと同じように、自身がＲＮＡ遺伝子の一部ということになる。

すでに述べた通り、実際のところ成体の多くの細胞で逆転写酵素遺伝子はほとんど働いていないためにテロメアは修復されず、これが個体老化の原因の1つにもなっている。ただ面白いことに、ＲＮＡ要素はどの細胞でも普遍的に転写されているため、テロメアの修復という生理機能以外に、ＲＮＡとして何か未知の生理機能も営んでいる可能性がある。

遺伝子のスイッチ

遺伝子から転写されるＲＮＡや、ＲＮＡから翻訳されるタンパク質の生理機能のおかげで、私たちは生命活動が可能になる。身体にはさまざまな生理機能を持つ組織が存在するが、それぞれの組織を構成する細胞は、生存するために必要な遺伝子を共通に発現している。一方、それぞれの組織が、組織特異的な生理機能を営むことができるのは、組織を構成する個々の細胞が、そのために必要な遺伝子だけを働かせている（発現させている）からである。

ゲノムのなかにある遺伝子を発現させるためには、その遺伝子のすぐ近くにある転写調節領域（プロモーター領域）に基本転写因子というタンパク質が結合する必要があり、これによってはじめて遺伝子からＲＮＡへの転写が始まる。また遺伝子から少し離れた場所には別の転写調節領域（エンハンサー領域）があり、転写活性化因子というタンパク質が結合すると、転写はさらに促進される。基本転写因子と転写活性化因子はともに転写因子と呼ばれ、転写調節領域は遺伝子のスイッチと呼ばれている（図表３‐３）。

具体的な例として、先ほど述べた精巣形成の話を思い出してほしい。そこでは、性決定遺伝子から翻訳された転写因子により、精巣形成に直接関わる遺伝子の発現がセットで促進されて精巣の形成が始まると述べた。これをもう少し詳しくいうと、この転写因子が複数の遺伝子のスイッチにくっつくことがきっかけとなり、各遺伝子の発現が促進されるのである。

実はこうしたスイッチの役割を、レトロポゾンの反復配列が果たしている場合がある。例

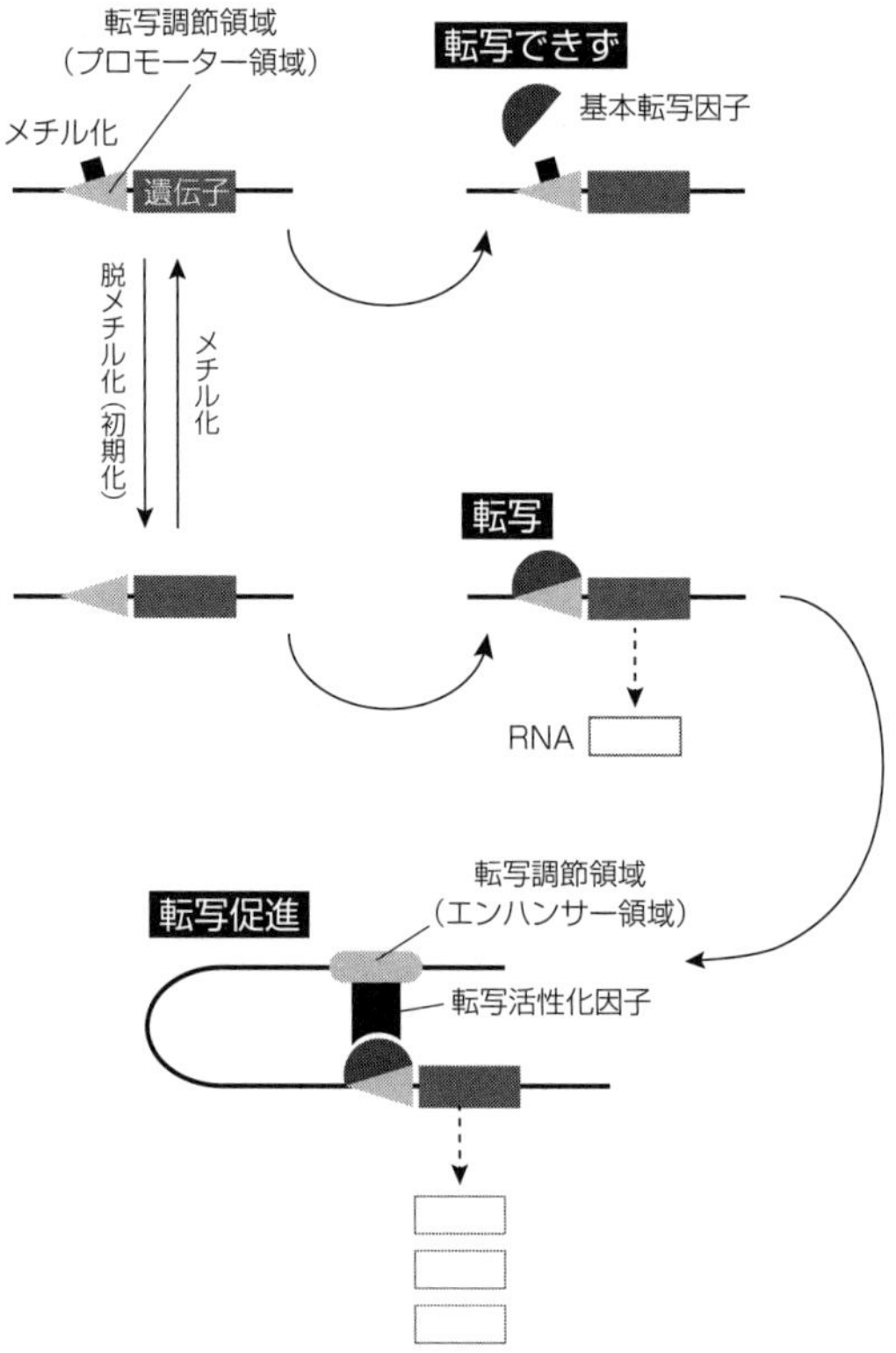

図表3-3　遺伝子発現の調節を行うスイッチ

えば、自己複製した複数のレトロポゾンは、ほぼ同じ塩基配列を持つため、これらをスイッチとして共有する遺伝子群は、同じ転写因子で同時に発現が促進される。したがって、特定の組織の形成や維持に必要な遺伝子群がセットで発現できることになるのだ。

一方、その組織の細胞にとって、必要のない遺伝子の発現は抑制されなければならない。このため抑制すべき遺伝子のスイッチは「メチル化などの修飾（エピゲノム修飾）」を受ける（図表3-3）。これにより転写因子が結合できなくなり、その遺伝子の転写は抑制されたままになる。しかもエピゲノム修飾は安定で、核ゲノムが複製された後も両方の娘細胞のゲノムに伝わることが明らかとなっている。

エピゲノム修飾と突然変異

もちろんこの遺伝子のスイッチは、「エピゲノム修飾」だけでなく「突然変異」によっても機能しなくなる（つまり転写因子が結合できなくなる）場合がある。とすると、核ゲノムのスイッチに生じるエピゲノム修飾と突然変異という変化は、2つの共通点を持つことになる。

第一は多くの場合、両者ともに遺伝子発現を抑制するという点。第二はこれらの変化が細胞分裂後も娘細胞のゲノムに伝わる点である。

一方、両者には決定的な違いも２つ存在する。まずは、その変化が必然か偶然かの違いである。エピゲノム修飾の場合、どの遺伝子のスイッチをエピゲノム修飾するのかは組織ごとに必然的に決まっていて、これを正確に実行することで、設計図通りの個体形成ができる。したがって、エピゲノム修飾は次の章（第４章）で述べる個体形成の主要な原動力ということになる。

これに対して突然変異はあくまでも偶然であるため、原則として個体形成というミスが許されない生命活動には含まれない。もしそこに突然変異が起きてしまったら、その個体は生存することができず、淘汰されてしまうからだ。しかし、すでに述べたように突然変異はさまざまな遺伝形質を作り出すことにとどまらず、長い目で見ると、ゲノムの創造（生命の進化）という壮大な生命現象の原動力となっている（第７章参照）。

両者のもう１つの違いは、その変化の可逆性と不可逆性である。エピゲノム修飾も突然変異も通常の生命活動のなかではゲノムの不可逆的変化であり、もとに戻ることはない。しかしエピゲノム修飾だけは、ゲノムを特殊な環境に置くことでリセットすることができる。このようなエピゲノム修飾の可逆性は、次の第４章から始まる「ゲノムの表現を観光するツアー」の謎を解くうえで極めて重要な鍵となる。

厳密に区別することで見える新しい生命観

本章では、遺伝子の定義を見直す際に、タンパク質に翻訳されない転写領域がＲＮＡ遺伝子であることをとくに強調した。この概念は一般には浸透していないだけで、専門家の常識となっている。ただそうであっても、例えばヒト核ゲノムにある遺伝子の数が２万個であるとか、レトロポゾンの一種であるＳＩＮＥは遺伝子を持たないというのも専門家の常識になっており、これらの常識にはＲＮＡ遺伝子の存在が完全に抜け落ちているという問題がある。

だが、すでに述べたように、ＳＩＮＥは自身のゲノムが自己複製の際にＲＮＡに転写されるため、本書の定義ではＳＩＮＥ自身もＲＮＡ遺伝子といえるのである。それはウイロイドやテロメアも同じだ。つまり、本書が提案する新たな生命観とは、ここまで述べてきたすべての生命のゲノムは必ず遺伝子を持つということである。

もう1つの問題は、教科書も含め一般的には、遺伝子とゲノムがほぼ同義語として使われていることである。もちろん両者とも素材が核酸でできていて遺伝情報を持つので、その意味ではとくに大きな差があるわけではない。遺伝子という言葉は本来の意味に加えて、遺伝子の集合体、つまりゲノムの意味も含んだ形で使用されることも多い。こうした使い方が、大きな問題になることもほとんどないだろう。そのせいもあり、ゲノムという言葉は遺伝子ほど世間的には浸透していない。本書でも、生命とは「ゲノムを持つもの」とするよりも「遺伝子を持つもの」と定義したほうが、はるかに分かりやすかったのかもしれない。

ただそうしなかった最大の理由は、生命の本質が遺伝子ではなく、自己複製する核酸（ゲノム）を持つことにあると判断したからである。実際のところ、すべての遺伝子はゲノムに含まれており、自己複製する能力がなく、ゲノムの自己複製により受動的に複製されるだけである。さらに、多くの生命はゲノムのなかに遺伝子だけでなく、遺伝子以外の領域も含んでいる。例えば、ヒト核ゲノムには、遺伝子のスイッチやゲノムの末端を保護するテロメアなど、広大な非遺伝子領域が広がる（図表2-2、56頁）。

もちろん、そうだとしても遺伝子とゲノムを同義語として使うことに、あえて異論を唱える必要はないのかもしれない。事実、ゲノムにある遺伝子の部分だけがＲＮＡやタンパク質に変換されて生理機能を営んでいる。

しかし、ゲノムと遺伝子を同義語として使うと見過ごしてしまう貴重な景色がある。遺伝子の発現を制御しているのは、ゲノムのなかの遺伝子以外の領域にあるスイッチだ。ゲノムがこのスイッチを活用して、ゲノムにある遺伝子を巧みに表現することで、私たちの体作りや子孫形成など、生存に必要なありとあらゆる生命活動をコントロールしている。つまり、ゲノムにとって遺伝子はあくまでも自らを表現するための「道具」なのである。

そこで本書では、ゲノムと遺伝子を厳密に区別するという視点に立ち、ゲノムにある遺伝子よりもそのスイッチを主役とすることではじめて見えてくる貴重な世界への見学ツアーを企画した。以降では、この「ゲノムの表現」の美しい風景を観光するツアーへと赴こう。

第2部

ゲノムの表現

第4章 個体形成

「ゲノムの表現」ツアーは、私たち自身の過去と未来を往復する3つの旅で構成されている。核ゲノムはすべての生命活動を適切にコントロールするために、内在するスイッチにより遺伝子を道具として使うことで3つの重大なミッションを託しているのだ。本章では第一のミッションである個体形成を探っていこう。まずは私たちの時間を少しだけ過去に戻してみる。そこには、たった1つの細胞である受精卵が短時間で多様な組織を持つ個体に変身するという、ダイナミックで謎に満ちた美しい景色が広がっている。

分化とは何か

多細胞動物である私たちの生命活動のスタートは１つの受精卵だ。個体形成とは、ここから多数の細胞で構成される個体ができあがるまでの過程である。しかし受精卵が細胞分裂（卵割）を始めるだけでは群体（個性のない細胞の集まり）にしかならない。そこで、それぞれの細胞はなんらかの生理機能を獲得すること、つまり分化をしなければならないのである。細胞は分化が進むにつれて分化能力、分裂能力、生理機能という3種類の能力が変化する。例えば、受精卵はすべての組織に分化できる分化能力（全能性）と分裂能力を持つが、生理機能は持たない。母親の胎内で細胞分裂と分化により、多細胞からなる胚（発生初期段階までの個体）となり、各細胞が分化により組織特異的な生理機能を獲得していくことで、胎児（主要な組織が形成された出産前までの個体）に成長する。その過程をもう少し詳しく見てみよう。

ヒトの場合は受精後５日目には胚盤胞と呼ばれる胚になり、子宮に着床する。胚盤胞は内部に内部細胞塊があり、その外側は栄養膜で被われている。栄養膜は最終的には胚膜（羊膜など）や胎盤の一部となって、胚の成長を支える重要な生理機能を果たすが、胚の形成には参加せず、出産時に脱ぎ捨てられる。

一方、内部細胞塊を構成する胚性幹細胞の分化能力は栄養膜を作る能力がなくなるため、全能性を失い多能性となる。なお、この胚性幹細胞を培養したのがＥＳ細胞で、人工多能性幹細胞（ｉＰＳ細胞）と同じ多能性を持っている。

やがて胚性幹細胞は体性幹細胞と生殖幹細胞に分化する。このなかで体性幹細胞は生殖細胞になる能力を失い、そこからさまざまな組織幹細胞に分化していくため、他の組織に分化できる能力も順次失っていく。その結果、分化能力は全能性から多能性を経て1つの組織にしか分化できない単能性になる。いずれの段階の幹細胞も分裂能力は保持するが、生理機能を営むことはできない。

これら幹細胞のなかでヒトの成体が持つのは組織幹細胞だけである。この一部が分化して終末分化細胞となり、組織特異的な遺伝子を発現することで、組織特異的な生理機能を営むことができるようになる。ただし、多くの場合はそれと引き換えに分裂能力を失ってしまう。

ここまで述べてきたことをまとめよう。分化における3種類の能力の変化を整理すると次のようになる（図表4-1）。

不可逆的に進行する分化

現在の体を構成

細胞種	分化能力	分裂能力	生理機能
受精卵	全能性	○	×
内部細胞塊（胚性幹細胞）	多能性	○	×
体性幹細胞	多能性	○	×
組織幹細胞	単能性	○	×
終末分化細胞	ー	×	○

図表４-１　細胞分化と各細胞の能力の変化

① 幹細胞の分化能力は全能性から多能性を経て単能性へと制限される
② 分裂能力はすべての幹細胞で維持されるが、終末分化細胞は分裂能力を失う
③ 生理機能は終末分化細胞だけに付与される

ただし、抗体を作るリンパ球は生理機能を持つ終末分化細胞であるが、特定の抗原に対する大量の抗体を作る必要があるために例外的に分裂能力を持つ。また、ヒトの皮膚の下層部（真皮）にある繊維芽細胞も終末分化細胞で、コラーゲン遺伝子などを発現することで皮膚に潤いや弾力性を与えるという生理機能を持つが、傷の修復のために例外的に分裂能力も持つ。

組織のメンテナンス

哺乳類の場合、分化にともなうこれら3種類の能力の変化は不可逆的に進行し、原則とし

て逆戻り（脱分化）することはない。例えば、終末分化細胞が脱分化してもとの組織幹細胞に戻ることはできないし、組織幹細胞はもとの体性幹細胞に戻ったり、別の組織幹細胞に変化したりすることもできない。

一方で、終末分化細胞は生理機能を営んだ後、劣化して細胞死を迎えて組織から脱落するが、細胞分裂ができないためにどんどん失われていく。そこで、すでに存在している組織幹細胞が細胞分裂し、片方は組織幹細胞の維持に使われ、もう片方は分化を進めることで新たな終末分化細胞を作り出すのである。ヒトの皮膚の上層部を構成する表皮を例にとり、この様子をもう少し具体的に見てみよう（図表４-２）。

皮膚は表皮とその下にある真皮で構成される。分裂能力を持つ組織幹細胞に相当するのが表皮に存在する基底細胞（表皮幹細胞）だ。基底細胞の一部は角化細胞となり、ケラチン遺伝子の発現によりケラチンを蓄積し、核やミトコンドリアを失いながらも終末分化細胞として、皮膚を保護する生理機能を果たす。この角化細胞は最終的に垢となって表皮から脱落するが、基底細胞の細胞分裂と分化により新たに補充されることになる。

このように個体形成を完了した私たちの体の組織は、主に単能性を持つ組織幹細胞と終末分化細胞で構成されている（図表４-１、１０５頁）。ただ、組織幹細胞は細胞分裂能力を維

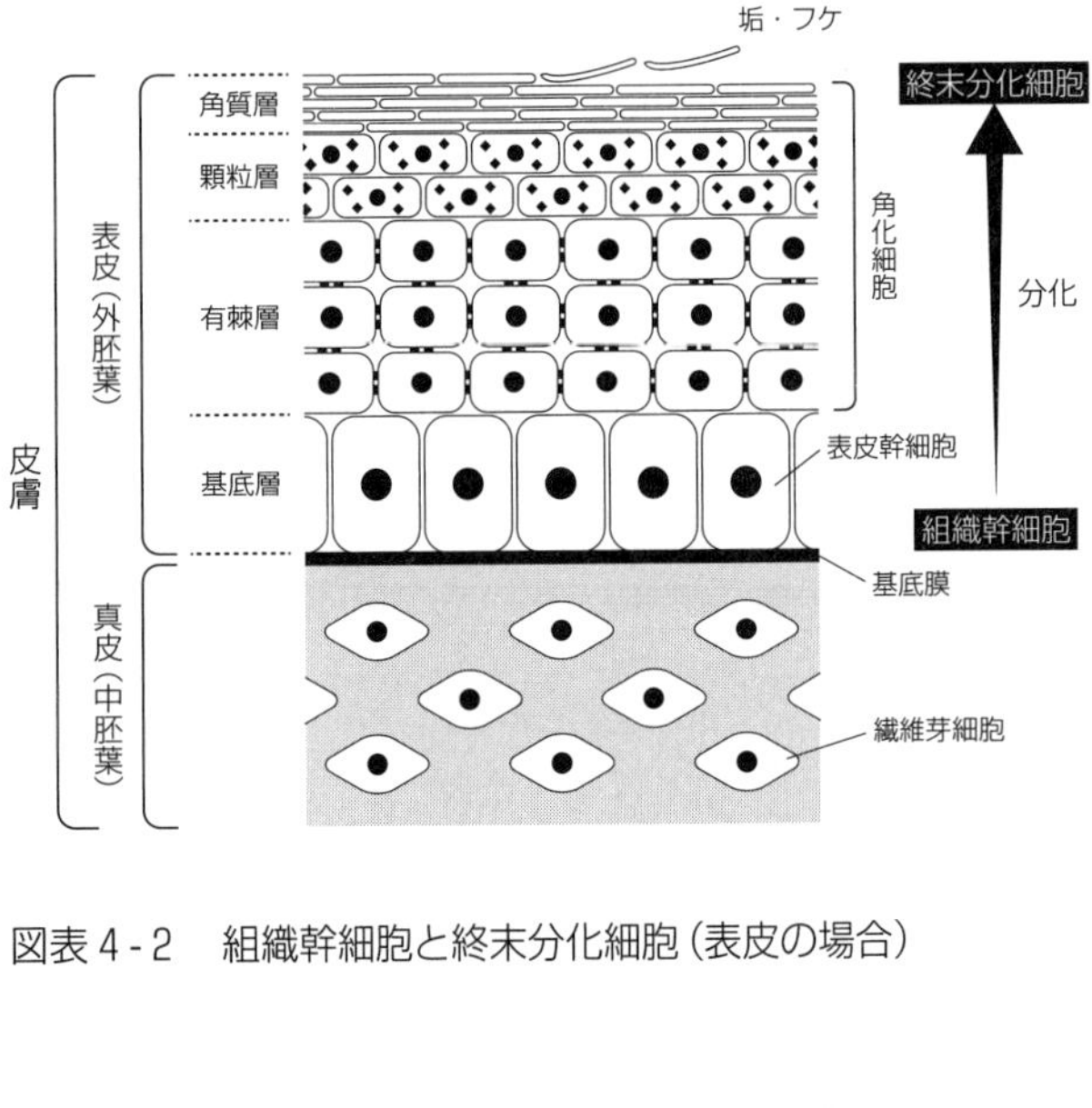

図表4-2　組織幹細胞と終末分化細胞（表皮の場合）

持するための弱いテロメラーゼ活性はあるものの、分裂能力は徐々に低下するために、終末分化細胞の補充は少しずつ滞っていく。こうして個体老化は進行する。もし体性幹細胞のような多能性を持った幹細胞が私たちの体にまだ存在していれば、これらの細胞から新しい組織幹細胞を補うこともできたかもしれない。事実、簡単な作りの多細胞動物のなかには、成体になっても多能性を維持する幹細胞を持つことで長寿を達成しているものもある。

個体形成の３原則

哺乳類の核ゲノムは、内在する遺伝子の転写調節領域（スイッチ）を使って個体形成をする際、おおむね３つの基本原則に従う（図表４‐３）。これを理解することで個体形成の多様性や複雑さに惑わされずに、この生命現象の本質を理解することができる。

①　核ゲノムの同等性：各組織の生理機能に不要な遺伝子は核ゲノムから削除されない
②　不要な遺伝子の発現抑制：不要な遺伝子は削除されず、その発現が抑制される

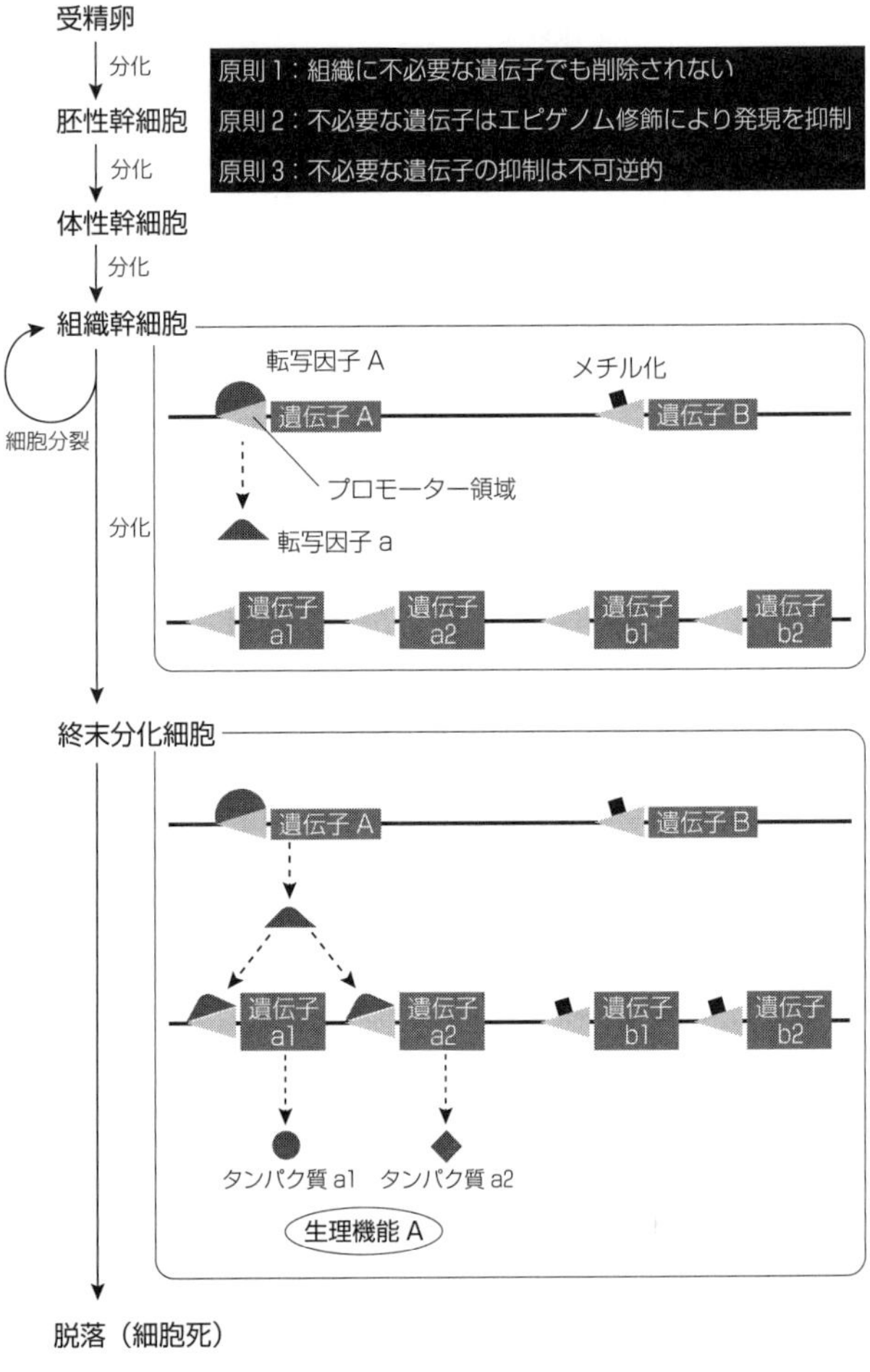

図表4-3　個体形成の3原則

③ 分化の不可逆性：不要な遺伝子の発現の抑制は不可逆的である

原則①は、組織幹細胞や終末分化細胞などすべての細胞の核ゲノムは原則として受精卵の核ゲノムと同等であることを意味する。これは、なぜ分化した細胞からクローンヒツジやｉＰＳ細胞ができるのかという疑問や、なぜＤＮＡ鑑定で毛根や体液中の血球、唾液中の頬の細胞といった当事者のどの細胞のＤＮＡでも使えるのかという疑問に対する理論的根拠を与えてくれる。

原則②は、なぜ同じ核ゲノムを持つにもかかわらず、生理機能が異なる細胞ができるのかという疑問を解決する。生理機能の違いは、それぞれの組織の細胞にとって必要な遺伝子だけが発現するために生じるのだ。不要な遺伝子は核ゲノムから削除されるのではなく、その発現がスイッチのエピゲノム修飾などにより抑制されている。

原則③は、ある日、目が覚めたら自分の皮膚が筋肉になってしまうことがなぜ起こらないのかを説明している。つまり、各組織の終末分化細胞が持つ遺伝子発現の組織特異性は、安定で不可逆的に固定化されているということである。

ただし、これらの原則は核ゲノムに関するものであり、今でも単細胞生物としての生き方を貫いているミトコンドリアのゲノムには適用されない。そのゲノムのすべての遺伝子はどの組織でも一括して発現していて、エピゲノム修飾は存在しないのだ。

クローンが教えてくれること

クローンカエルの作製は昔の教科書に載っていたが、1996年のクローンヒツジ・ドリーの誕生は、クローン人間に現実味を与えたことから世界的に注目された。しかし、ここで話題にしたいのはこの研究成果の学術的な重要性である。

この研究では、あらかじめ核を除いたヒツジの未受精卵と、成体ヒツジの乳腺組織の細胞とを細胞融合させることで核移植をしてクローンヒツジが誕生することを示した。この事実は原則①の正しさ、つまり各組織の終末分化細胞の核ゲノムも受精卵の核ゲノムと同等であることを証明した。しかし同時に原則③とは矛盾すること、つまり不可逆的な遺伝子発現の抑制や、終末分化細胞が失ってしまった全能性と分裂能力が、可逆的に回復できることも証明したのである（この矛盾は117頁であらためて説明したい）。

ただ、乳腺組織の細胞には終末分化細胞である乳腺上皮細胞の他に分裂能力を保持している乳腺幹細胞も含まれる。しかも、この研究では乳腺組織を培養して細胞分裂をさせ、核移植の前に細胞分裂を停止させた細胞を用いているので、クローンヒツジの核の由来は終末分化細胞ではなく、分裂能力を持つ乳腺幹細胞である可能性が高い。

しかし、その後に分裂能力を失った終末分化細胞の核移植でクローンマウスが誕生している。この研究では、終末分化細胞に分化してはじめてゲノムの一部が欠落して緑色蛍光を発するように細工したマウスを作製し、緑色蛍光を発する細胞、つまり終末分化したことが確実な細胞の核をあらかじめ除核したマウスの未受精卵に移植した。その結果、全身の細胞が緑色蛍光を発するクローンマウスが誕生したのだ。このことは全能性と分裂能力を失った終末分化細胞の核ゲノムも、受精卵の核ゲノムとほぼ同じであることを示している。

もちろん原則①は終末分化細胞と受精卵の核ゲノムが厳密に同等であるという意味ではない。例えば、核ゲノムの末端にあるテロメアの反復配列は細胞分裂のたびに短縮している。また、赤血球やすでに述べた皮膚の角化細胞では核ゲノムの全面的削除が起こる。しかし、これらの削除は終末分化細胞に分化するために、不要な遺伝子を削除することではないので、原則①の例外というわけではない。

鍵はエピゲノム修飾

不要な遺伝子を除かないのであれば、どのようにして組織特異的な生理機能を達成できるのだろうか？　それは原則②にある通り、不要な遺伝子の発現を抑制しているからである。例えば、インスリン遺伝子は私たちの全細胞の核ゲノムに存在しているが、実際に遺伝子発現をして、インスリンを分泌できるのは膵臓のランゲルハンス島にあるβ細胞という終末分化細胞だけだ。他の細胞ではこの遺伝子の発現は抑制されている。

そして、こうした不要な遺伝子の発現を抑制する仕組みとして、エピゲノム修飾がある。例えば、転写調節領域（スイッチ）のメチル化などだ（図表3-3、94頁）。これにより、その遺伝子の発現を促す転写因子が存在しても、その遺伝子は発現できなくなる。

では、そもそもスイッチがメチル化される遺伝子とされない遺伝子が、各組織でどのようにして決まっていくのか？　これは個体形成の根幹に関わる疑問であるが、残念ながら哺乳類では明らかになっていない。ただ一部の動物では、どうやら受精卵の細胞質に存在する、転写因子といった遺伝子発現に関係するタンパク質の濃度勾配が鍵を握っているようである。

これらの因子は未受精卵の遺伝子など、母親の遺伝子から転写・翻訳されたものであることから「母性因子」と呼ばれ、未受精卵の細胞質中にそれぞれがさまざまな濃度勾配で蓄積している。受精卵はやがて卵割により多細胞からなる胚になるが、この胚の各組織幹細胞に含まれるさまざまな母性因子の種類とその割合の違いが発端となり、組織特異的転写因子の遺伝子発現が誘発される。

ここで誘発された転写因子の遺伝子は直接生理機能を営むのではなく、組織特異的な生理機能を営むために必要な遺伝子の発現を誘発する機能を持つ。そして、組織幹細胞から終末分化細胞へ分化する際に発現を始めるのは、この転写因子によって発現を誘発された組織特異的な生理機能を営む遺伝子だ。ここで、不要な遺伝子のスイッチはエピゲノム修飾によりオフ（抑制）にされる（図表4-3、１１０頁）。

ただし、哺乳類はそれほど単純ではない。例えば、受精卵が3回卵割をして8細胞期の胚になっても、8個の割球（細胞）の間で母性因子の濃度差はなく、それぞれが将来どの組織に分化するのかはまだ決まっていないのだ。したがって、そのうちの1つの細胞を除去しても、残りの7細胞で正常な個体が誕生する。哺乳類の場合、何が引き金となって多様な組織への分化が始まるのかは、現在でも依然として謎のままなのである。ちなみに、この8細胞期では、細胞を1つ取り除いても正常な個体形成が行われるために、この胚が将来に遺伝性疾患発症のリスクを持つ場合は、細胞を採取して胚の核ゲノムの遺伝情報を調べる着床前遺伝子診断を行うことができる。

実質は不可逆的変化

ここで1つの疑問が浮かばないだろうか。不要な遺伝子を削除せずに抑制するだけなら、何かの刺激でその遺伝子が発現してしまうリスクがあるのではないか、と。ただ、実際にそうはならない。なぜなら、不要な遺伝子の発現を抑制するメチル化などのエピゲノム修飾は、実質不可逆的なものだからである。

メチル化は脱メチル化操作でもとに戻すことができるので、理論的には可逆的変化だ。しかし「自然の状態」でメチル化は解除されない。したがって、いったん遺伝子のスイッチなどがエピゲノム修飾を受けると、その遺伝子の発現を促す転写因子が出現しても、スイッチに結合できなくなり、発現は誘発されなくなる。つまり、各組織に特徴的なエピゲノム修飾のパターンは不可逆的に固定されるので、分化も不可逆的に進行するのだ。このため、少なくとも哺乳類では分化した細胞は何かの刺激で脱分化したり、別の組織に分化したりする心配はない。これが原則③である。

しかし、この原則③が正しければ、先ほど述べたクローンヒツジやヒトｉＰＳ細胞はできないことになる。ところが、実際は終末分化細胞の核移植でもクローンマウスができた。この場合、終末分化細胞の核ゲノムは受精卵の核ゲノムのレベルにまで初期化（脱分化）され、分化能力の全能性と分裂能力の両方を回復したといえる。またヒトｉＰＳ細胞の場合も、多能性幹細胞で発現している遺伝子の一部を終末分化細胞に導入することで分化が初期化されるために、全能性の１つ手前の多能性と分裂能力を回復している。これらはどう解釈すればよいのか。

実は、これらの現象は原則③の例外ではない。なぜなら、初期化が起きたのは「自然の状態」では起こり得ない特別な環境を、研究者が「人工的」にこしらえたからである。

遺伝子発現の調節はゲノムの不可逆的な変化（突然変異）ではなく、可逆的な変化であるエピゲノム修飾により達成されるため、理論的には初期化することが可能だ。しかし哺乳類の場合、この初期化は「自然状態」では決して起こらない。これが原則③の神髄なのである。

ただし、個体形成では決して起こらない「自然状態」での初期化が、ある「謎の特殊な細胞」で起きていることが分かっている。そして、これは第6章の主要なテーマでもある。

＊

本章では個体形成の謎を解く鍵が「エピゲノム修飾」であることを示した。遺伝子発現のスイッチとなる転写調節領域のエピゲノム修飾のパターンが、組織特異的であることにより、発現すべき遺伝子と抑制すべき遺伝子とがうまく仕分けられているのだ。その結果、組織特異的な生理機能を安定的に実現することができ、美しく調和のとれた私たちの体が完成するのである。

しかし、私たちの生命活動はこれだけで終わりではない。実は、核ゲノムは新たな別のミッションを別の遺伝子のスイッチに託している。それは具体的にどのようなものなのか？次章では次なるミッションを紐解く2つ目のツアーに出かけたい。舞台は私たちの近未来である。

第5章

個体老化

核ゲノムが内在する遺伝子のスイッチに託した最初のミッションは受精卵から出発する個体形成であったが、その後も私たちは生存し続ける。この生命活動は個体老化と呼ばれ、本章のテーマだ。個体老化は個体形成とはまったく異なる生命現象であるが、個体形成と同じく核ゲノムがスイッチに託すミッションの1つなのである。それは具体的にどのようにしてコントロールされているのか。ここでは個体形成から出発する個体老化ツアーを通してその謎に迫っていこう。

細胞老化とテロメア

すでに第４章で触れたように、真皮に存在するヒトの繊維芽細胞（図表４‐２、１０８頁）は終末分化細胞ではあるが、例外的に分裂能力を持つために、取り出して培養すると細胞分裂を繰り返す。しかし、30～50回ほど繰り返すと分裂速度が遅くなり、やがてそれ以上細胞分裂ができなくなる。この過程が細胞老化だ。原因はテロメアの短縮であることが分かっている。

テロメアはヒト核ゲノムを構成する46本の染色体の両端92箇所に存在するが、細胞分裂に先立って起こる核ゲノムの複製の際に、各々の先端から１００塩基対程度が失われる。このため、テロメアの短縮は細胞分裂のたびに進行していく。そしてその長さが半分程度になると、核ゲノムはこの異常に対応するために、がん抑制遺伝子を発現させて細胞分裂を停止させ、細胞のがん化を回避するようになる。一方、テロメアを修復するテロメラーゼ遺伝子の発現抑制は継続したままだ。したがって短くなったテロメアはきちんと修復されないまま放置されることになる。

この細胞老化が個体老化の原因の１つである可能性が高い。個体老化とともに肉体を構成する細胞のテロメア短縮は確実に進んでおり、例えば、繊維芽細胞の提供者が高齢であるほどテロメアは短くなる傾向にある。したがって、それらを人為的に培養しても細胞分裂できる回数は少ないのだ。このため、組織幹細胞をはじめとした分裂能力を持つ細胞の細胞老化が、個体老化に影響を与えているのは確かなようである。

つまりこの前提に立てば、核ゲノムは自身が持つテロメラーゼ遺伝子のスイッチをエピゲノム修飾して発現抑制するだけで、テロメアの短縮を誘発し、これをきっかけとして、自動的に個体老化の一部を遂行しているということになる。

ちなみに、私たちの体のなかにはテロメラーゼ遺伝子の発現が抑制されない細胞が２種類ある。その１つはがん細胞であり、もう１つは次章の主役となる「謎の特殊な細胞」だ。これらは細胞分裂を何度繰り返してもテロメアを修復し、細胞老化せずに永遠の寿命を維持している。

個体老化とエネルギー不足

　もちろん個体老化の原因は細胞老化だけではない。ヒトの場合、ミトコンドリアの呼吸活性低下によるエネルギー不足も忘れてはならない。ヒトの繊維芽細胞を継続的に培養して細胞分裂を繰り返させることで人為的に細胞老化させても（テロメアを短くしても）呼吸活性は低下しないが、個体老化した高齢者の繊維芽細胞は若齢者に比べて呼吸活性が顕著に低下している。ヒトだけに見られる生命現象だが、これも個体老化の原因の１つと考えられる。

　ミトコンドリアは私たちの細胞を生存環境として今でも無性生殖を続けている原核生物であり、本来なら個体老化には関係しないはずである。一方で、今ではミトコンドリアの呼吸活性に関連する遺伝子の一部はミトコンドリアゲノムから核ゲノムに移行しているため、この呼吸活性は両方のゲノムの支配下にある。では、実際ミトコンドリアはどのようにして呼吸活性低下（エネルギー不足）を引き起こすのだろうか？

　現在でも多くの研究者に支持されている老化仮説の１つに、ヒト老化ミトコンドリア原因説がある。この仮説によると、ミトコンドリア内の酸素呼吸の副産物として発生する活性酸素種（ＲＯＳ）にミトコンドリアゲノムは曝《さら》されるため、突然変異が蓄積しやすく、結果として呼吸活性低下を誘発するという。そして、これがＲＯＳの漏出量を増大させ、さらなる突然変異が生じて、より深刻な呼吸活性低下を引き起こすという悪循環が原因だとしている。

　この仮説の正否は、各細胞に数千コピーも存在するミトコンドリアゲノムの一つ一つの塩基配列を解読すれば簡単に分かり、すでに検証済みだ。結果はというと、複数の高齢者と若齢者の繊維芽細胞から取り出したミトコンドリアゲノムの全塩基配列を、それぞれ1万コピー以上解読しても、両者の突然変異の量にはまったく有意差がないだけでなく、ＲＯＳ産生量もほぼ同じであった。つまり個体老化にともなう呼吸活性低下の原因はミトコンドリアゲノムの突然変異にはないことになる。では何が原因なのだろうか？

　それは、高齢者と若齢者の繊維芽細胞をいったんｉＰＳ細胞にまで初期化してから、再び繊維芽細胞に分化させて呼吸活性を測定することで明らかになった。細胞の初期化と再分化により高齢者で低下した呼吸活性が若齢者と同じレベルにまで回復したのだ。つまり個体老化にともなう呼吸活性低下の原因は核ゲノムやミトコンドリアゲノムの突然変異ではなく、核ゲノムのエピゲノム修飾に絞られることになる。なぜならミトコンドリアゲノムはエピゲノム修飾を受けないからである。

　では、核ゲノムのどの遺伝子のスイッチがエピゲノム修飾されることで、高齢者でミトコンドリアの呼吸活性低下が引き起こされるのだろうか？　高齢者と若齢者の繊維芽細胞の遺伝子発現や細胞内物質の網羅解析などから、どうやら原因の一部に、少なくともミトコンドリア内のタンパク質合成系（翻訳系）や細胞分裂に必要な物質を作り出す、葉酸回路に関わるいくつかの遺伝子の発現低下が含まれるようだ。なぜなら初期化後に繊維芽細胞へと再分化させると、呼吸活性の低下だけでなく、葉酸回路に関係するこれらの遺伝子発現の低下や、さらには細胞分裂に必要な物質の産生量低下もすべてリセットされたからである。

　おそらく、核ゲノムに存在する葉酸回路に関わる遺伝子のスイッチが、エピゲノム修飾によって徐々に抑制されているのだろう。それによりミトコンドリア内の翻訳系のみならず、細胞分裂も少しずつ抑制されて、ミトコンドリアの呼吸活性低下や細胞分裂遅延を引き起こしているのではないだろうか。

寿命のリセット

このように高齢者の繊維芽細胞を初期化し、再び繊維芽細胞に分化させることで回復するのは、葉酸回路の遺伝子群の発現低下による呼吸活性低下や細胞分裂遅延だけではない。実はテロメラーゼ遺伝子の発現抑制による細胞老化までもがリセットされて、細胞は完全に若返り、細胞分裂も再開するのである。したがって、たくさんある個体老化の原因のなかで、少なくとも呼吸活性低下、細胞分裂遅延、そして細胞老化による細胞分裂停止は、ともに突然変異ではなく、初期化が可能なエピゲノム修飾により誘発されていることになる。

さらに老化に関する衝撃的なニュースとして、寿命そのものまで初期化できることが明らかになった。１９９６年にクローンヒツジのドリーが誕生したとき、核を提供したのは6歳の雌であったことから、ドリーは生まれながらにして6歳ではないかと懸念された。その理由は、核移植した際に起こる核ゲノムの初期化によって、分裂能力の回復や分化能力の全能性を回復できても、短くなったテロメアの長さまでは回復できないと思われたからである。実際にドリーは病気により6歳で安楽死となった。このことと、ヒツジの平均寿命が12歳程度であることを考えると、ドリーは生まれながらにして6歳であった可能性を排除できなかった。

しかしその後、マウスでの核移植技術の改良によって、移植された核ゲノムは未受精卵の細胞質のおかげで分裂能力や全能性を回復するだけでなく、作製したクローンマウスの繁殖力、テロメアの長さ、そして寿命さえも初期化され、完全に若返ることが明らかになった。これは個体形成のみならず、個体老化の原動力もエピゲノム修飾であることを意味している。

確かに細胞を初期化させることの魅力は、終末分化細胞であっても分裂能力と全能性が回復して、拒絶反応を心配する必要のない臓器の再生に活用できる点である。このメリットを活かそうとしているのが「再生医療」だ。

しかし、初期化操作のもう1つの魅力は、なんといっても若返りまでもが達成できるところにある。つまり「若返り医療」という可能性も期待できる。がん化のリスクをともなうが、自分の皮膚を構成する繊維芽細胞を初期化・再分化させて移植を受けることで、そこだけは赤ちゃんのような潤いや弾力性のある肌へ若返るかもしれない。

少し話が逸《そ》れてしまった。もとに戻そう。ここまでをまとめると、核ゲノムは遺伝子の発現を制御するスイッチをエピゲノム修飾することで、細胞老化や呼吸活性低下、そして寿命までをもコントロールしていた。これらの老化関連の生命現象が核ゲノムにプログラムされているのであれば、もしかするとこれらは、がんの発症を最大限抑制するための、健全なプログラムであり、結果としてヒトに最大寿命を提供しているのかもしれない。

最大寿命を減らす獲得形質

核ゲノムが規定しているであろう、この最大寿命を自分の意志でさらに延長することは難しいが、短縮することなら簡単である。喫煙や暴飲暴食、過度のストレス、運動不足や睡眠不足などの不適切な生活習慣を長く続けるだけでいい。他方で、もしこうした生活習慣をしていたとしてもこれらを改善すれば、いわゆる獲得形質（親から子に伝わらない後天的な特徴）としての生活習慣病の発症リスクを軽減することはできる。つまり、最大寿命の短縮を阻止できる道が開けてくるのだ。例えば、ハエやマウス、サルなどを使った実験では、いずれも通常食のグループに比べて、カロリー制限食にしたグループは寿命が延びたという結果が報告されている。

ただし、この結果をヒトに当てはめる場合には注意が必要である。動物実験での通常食は常に食事が用意されている自由飲食であるため、ヒトでいえば暴飲暴食をしている状態、つまり高カロリー食に相当する可能性がある。日本人の普段の食事は１日３食であり、これこそが動物実験でのカロリー制限食に相当するかもしれない。

この解釈が正しいとすれば、私たちは日頃の規則正しい食生活で、十分に自分の最大寿命を達成していることになる。したがって、さらなる長寿を目指して、日頃の通常食にさらにカロリー制限を加えてしまうと、長寿になるどころか、栄養失調などの別の疾患を発症して、逆に寿命を縮めるというリスクを背負うことになる。

ヒトにおいて、最も生活習慣に注意しなければならないのは妊娠初期だ。子宮に着床して個体形成を始めたばかりの初期の胚は、この時期にエピゲノム修飾が次々に秩序立って行われることで、すべての組織が適切な場所で適切に形成され始める。しかし、妊婦さんが不適切な生活習慣（喫煙・飲酒・極度のダイエット等）を続けると、胚のエピゲノム修飾が撹乱され、異常な個体形成を誘発するリスクが高まることになる。

もちろん大人の場合は個体形成が完了しており、エピゲノム修飾は不可逆的に固定化されているので、不適切な生活習慣によって自身の個体形成が撹乱される心配はない。大人において心配なのは個体老化の撹乱なのである。つまり核ゲノムにプログラムされたせっかくの最大寿命が、不適切な生活習慣を原因として後天的に発症する生活習慣病によって短縮してしまうことだ。

がん転移を誘発するミトコンドリアゲノム

私たちが生まれながらにして持つ最大寿命を達成しようとするとき、生活習慣病だけでなく、がんの発症も大きな脅威となる。ただ、そこに至るまでには、正常細胞の不死化（細胞老化しなくなること）、不死化細胞のがん化、さらにはがん細胞の悪性化（高転移性獲得）など多くの段階を経なければならない。

細胞のがん化には後天的な要因も大きく関わる。例えば、喫煙といった生活習慣的要因により誘発される、突然変異やエピゲノム修飾などの異常が徐々に核ゲノムに蓄積すると、多くの種類のがん遺伝子やがん抑制遺伝子の不適切な発現により、細胞のがん化が促進される。もちろん生活習慣病と同じで、禁煙など自分の意志で生活習慣を改善することで、がんの発症をある程度抑制することは期待できる。

一方、突然変異という面では核ゲノムに比べて、ミトコンドリアゲノムははじめから危険な環境に存在する（エピゲノム修飾を取り上げないのは、そもそもミトコンドリアゲノムではそれがないからである）。というのも、すでに述べたようにミトコンドリア内のエネルギー産生系は酸素呼吸の副産物として大量のＲＯＳを産生するからだ。ＲＯＳは突然変異を誘発する特性を持っている。

では、こうしたミトコンドリアゲノムの突然変異は細胞のがん化に関与するのだろうか？ミトコンドリアゲノムは母性遺伝するので、その突然変異が原因で発症するミトコンドリア病の多くは母性遺伝するが、これまでに「母性遺伝するがん」の存在は、統計学的な有意差をもって示されてはいない。しかも、ミトコンドリア病患者さんのがん発症頻度がとくに高いということもない。これらの状況証拠はミトコンドリアゲノムの突然変異が、がんの発症に結びつかないことを示唆している。

ただし、正常細胞のがん化ではなく、がん細胞の悪性化の原因の１つになる可能性はある。例えば、マウスの低転移性がん細胞と高転移性がん細胞の間でミトコンドリアゲノムだけ交換すると、高転移性がん細胞は低転移性に、低転移性がん細胞は高転移性に変わる。どうやらこの場合は、ミトコンドリアゲノムに存在する遺伝子に、ROS産生量を高める突然変異が生じ、これが高転移性を誘発するようである。また、実際にヒトで転移したがん組織のミトコンドリアゲノムには、ROSを出す可能性のある突然変異の頻度が有意に高いようである。

ここまでの話をまとめよう。核ゲノムは自らが保持するテロメラーゼ遺伝子の発現を、エピゲノム修飾によって抑制するだけで細胞老化を誘発し、さらに、葉酸回路の遺伝子の発現を徐々に抑制することで、老化にともなう呼吸活性低下や細胞分裂遅延を誘発している。そして、これらはすべて個体老化の原因の一部だ。しかも、成体の細胞から未受精卵への核移植で生まれたクローン動物は、寿命そのものまで初期化されていたことから、どうやら個体老化の謎を解く鍵も個体形成と同じようにエピゲノム修飾にあるようだ。

*

生命活動は生命の起源から現在に至るまで連綿と続いており、つい最近、「私」のもととなる受精卵のなかに受け継がれて個体形成という生命活動を開始した。さらにそれが終わっても個体老化という別の生命活動が今も進行中だ。「私」は生命活動の終わりへの道を立ち止まることなく、確実に一歩ずつ進み続けている。「私」の生命活動の起源を辿ると、40億年前にまで遡るが、「私」の生命活動の終わりはもうすぐそこなのである。そして生命活動の終わりはゲノムの終わりでもある。

核ゲノムがせっかく個体形成をしても、個体老化の先にある個体死により、40億年以上かけて作られたゲノム（核ゲノムとミトコンドリアゲノム）も消去されることになる。個体を作って壊すというのなら、なんのための個体形成なのだろうか。なんともいえぬ虚しさが胸をよぎる。このゲノムの消去という危機に対して、ゲノムは傍観しているだけなのだろうか。

もちろんそんなことはない。ゲノムはこの危機を回避するために、最後の、そして最も重要なミッションも遺伝子のスイッチに託している。次章では最後のツアーとしてこのミッションが何かを探っていこう。

第6章

子孫形成

個体形成と個体老化の行き着く先は個体死であり、それはゲノム消滅の危機でもある。いったん消滅すれば、同じ種のゲノムが出現することは二度とない。では、ゲノムはいかにしてこの危機を乗り越えているのだろうか？　本章では私たちがゲノムを連綿と引き継いでいく仕組みを紐解いていこう。これは、「ゲノムの表現」を探るための最後のツアーであると同時に、私たちの存在意義の根幹を問う思春期への旅でもある。

自然状態で起こるエピゲノム修飾の初期化

私たちの体のなかには同じ受精卵由来であるにもかかわらず、生存にはまったく役に立たない細胞、つまりなくてもなんの問題もない細胞が存在している。この細胞はすでに「謎の特殊な細胞」として何度か登場したが、体細胞のように個体形成に参加するのではなく、子孫形成のためだけに存在しており、生殖細胞と呼ばれる。そして、この細胞がゲノム消滅の危機を救うのである。

細胞を基本単位とする生物の始まりは、1つの細胞でできた単細胞生物だ。彼らにとっては、細胞分裂がそのまま個体形成であると同時に子孫形成でもある。一方、私たちのような多細胞生物は、一つ一つの細胞に多様な生理機能を分業させることで、より高度で複雑な生命活動を手に入れた。これにともなって単細胞生物が実行している個体形成と子孫形成という2つのプログラムを、多細胞生物ではそれぞれ体細胞と生殖細胞が分担するようになったのである。

どちらの細胞も同じ受精卵から形成されるが、体細胞は多細胞生物が新しく作り出した細胞で、これまで述べてきた個体形成や個体老化というプログラムは、この体細胞のゲノムが実行していた。これに対し、生殖細胞のゲノムは受精という有性生殖により子孫形成をするプログラムだけを担っている。体細胞と生殖細胞は同じゲノムを共有するものの、その役割はまったく異なるのである。

　生殖細胞がゲノム消滅の危機を回避するためには、私たちの体が消去される前にそこからなんとか脱出し、受精することによって、私たちの子どものなかに核ゲノムおよびミトコンドリアゲノムを移さなければならない。つまり、生殖細胞は「ゲノムの脱出装置」であり、その核ゲノムに描かれたプログラムは子孫形成だけなのである。このため、核ゲノムのエピゲノム修飾により生殖細胞が卵や精子に分化することで個体から脱出し、細胞融合により受精卵となった時点で子孫形成のプログラムは完了することになる。その後、受精卵のなかでは、卵や精子に分化するために受けた核ゲノムのエピゲノム修飾は一部を除いてただちに初期化され、新しい世代の設計図に変身する。

　さて、ここで注目して頂きたいのは、この「自然状態」で起こるエピゲノム修飾の初期化である。すでに述べたように、個体形成や個体老化を実行するために体細胞の核ゲノムに生じたエピゲノム修飾は不可逆的である。ただ、人工的にこの体細胞の核を、除核した未受精卵に移植すると個体発生や個体老化のためのエピゲノム修飾は初期化され、クローン動物として生まれ変わる。これに対し、子孫形成の際は、卵や精子由来の核ゲノムが受精卵のなかで「自然状態」で初期化され、新しい世代の核ゲノムとして生まれ変わるのである。

では、卵や精子となる生殖細胞はいつごろ私たちの体のなかに出現するのだろう？　第4章で述べたように、ヒトは受精後5日目に胚盤胞となり、子宮に着床する。胚盤胞には、胚を作る内部細胞塊（胚性幹細胞）が存在し、これはやがて体性幹細胞と生殖幹細胞の基となる始原生殖細胞に分かれる。どうやら始原生殖細胞への運命を決めるのは、その周辺に存在する体細胞の集団で、この環境により、将来生殖細胞に分化するための特別な遺伝子のスイッチが活動し始める。このことは、受精卵が私たちの体を作り始めると同時に、すでに私たちの次の世代へゲノムを脱出させるための準備が始まっていることを意味している。

減数分裂が生む多様性

始原生殖細胞は、その後に未完成状態の卵巣や精巣へと移動し、それぞれ卵原細胞と精原細胞という生殖幹細胞になる。卵原細胞は細胞分裂を繰り返した後に細胞分裂を停止し、そのすべてが1次卵母細胞に分化してしまうため、生殖幹細胞である卵原細胞は消失する。
すべての1次卵母細胞は胎児期に減数分裂を開始するが、途中で停止したまま思春期を迎える（図表6-1）。一方、精原細胞は思春期になってはじめて、一部が1次精母細胞に分化し、減数分裂をして精子を形成するようになる。ただし、生殖幹細胞である精原細胞は存在し続けるため、精子形成のプロセスは生涯繰り返されることになる。

このプロセスで行われる減数分裂もおさらいしておこう。1次卵母細胞と1次精母細胞は、両親から受け取った23種類の染色体を2セット持つ2倍体である。両者は、最初に染色体を一度複製してから連続して2回分裂（第一分裂と第二分裂）する。具体的には第一分裂で相同染色体（両親由来で対をなす同じ種類の染色体）同士が分かれて、半数体（相同染色体の片方だけを持つ状態）の2次卵母細胞と2次精母細胞がそれぞれ2個できる。次の第二分裂で最初に複製した染色体同士が分かれて合計4個の半数体の細胞ができる。これが減数分裂だ（図表6-1）。

ある相同染色体が減数分裂で半数体になったとき、その生殖細胞が受け取るのは両親のどちらかが由来の1本だけなので2通りあり、相同染色体がヒトでは23種類あることを考慮す

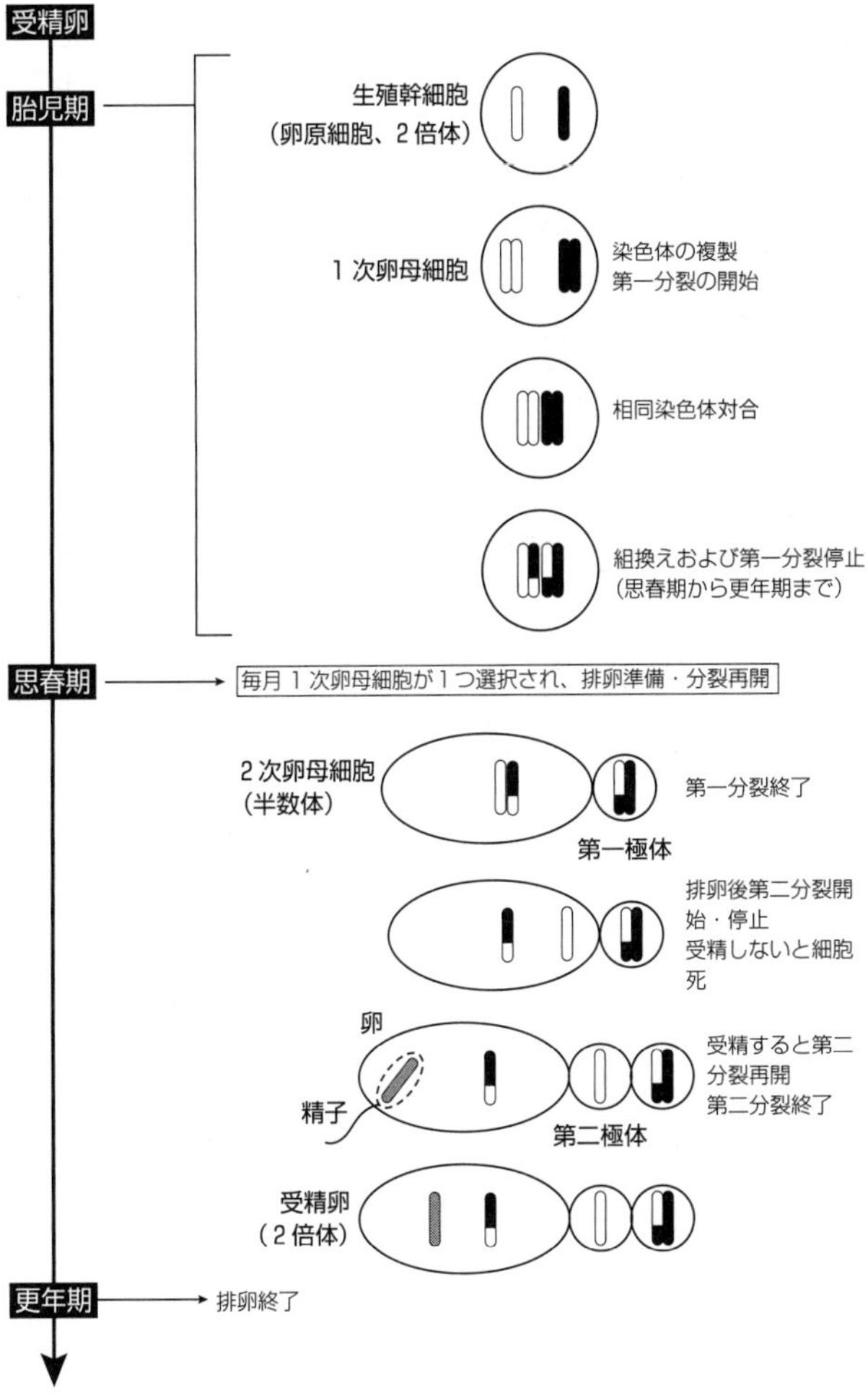

図表6-1　減数分裂の流れ（卵形成の場合）

ると、半数体となった生殖細胞の相同染色体の組合せの数は2の23乗通りとなる。したがって、同じ親から生まれる子どもの核ゲノムの多様性は2の23乗×2の23乗通り（70兆3687億4417万7664通り）もあるのだ。さらに、組換えまで加わるので、多様性はさらに増大する。このようなゲノムの多様性は有性生殖でのみ達成できる利点だ。

受精までの厳しい選別

生殖細胞の脱出は思春期から始まる。まずは卵原細胞の行方を追ってみよう（図表6－1）。胎児期に卵原細胞から分化した1次卵母細胞のすべては、染色体を一度複製して組換えを終え、第一分裂を途中で停止している。思春期になると、毎月そのなかの1つだけが選ばれ、停止していた第一分裂を再開し終了させる。その結果としてできるのが半数体となった2次卵母細胞と第一極体だ。その後、両者は排卵で一緒に体外である卵管へ脱出する。そして、2次卵母細胞だけがすぐに第二分裂を開始する（第一極体はこれ以上分裂しない）が、ここでも分裂を途中で停止して卵管膨大部で精子の到着を待つ。

次は精原細胞だ。卵原細胞とは対照的に、精原細胞は胎児期に減数分裂を始めることはない。思春期に入ってようやく精原細胞の一部は1次精母細胞に分化して、第一分裂と第二分裂を一気に行い減数分裂を完了し、精子を形成し始める。精子となれば体外への脱出はいつでも可能な状態だ。しかも、生殖幹細胞である精原細胞は細胞分裂を継続しており、常に一部が1次精母細胞に分化するので、生涯精子が枯渇することはない。

こうしてできた2次卵母細胞や精子は脱出に成功しても、ただちに受精が成立しなければ両者とも細胞死を迎えてしまう。受精が成立するためには、2次卵母細胞の排卵の際に精子を膣内に射出しなければならない。そのタイミングが合うことで、膣から子宮を経て卵管を遡上する精子が、卵管膨大部に辿り着き、排卵された2次卵母細胞と劇的に出会うことで、両者が細胞融合して受精が成立するのである（図表6-2）。

受精により、2次卵母細胞は途中で停止していた第二分裂を再開して、卵と第二極体になり減数分裂を終了する。ただ、2次卵母細胞が第二分裂を終了して卵になるためには受精が必須であり、そのときに卵は同時に受精卵であるというパラドックスが存在する（図表6-1、139頁）。一方、受精をしない2次卵母細胞は減数分裂を終了しないまま細胞死を迎える。

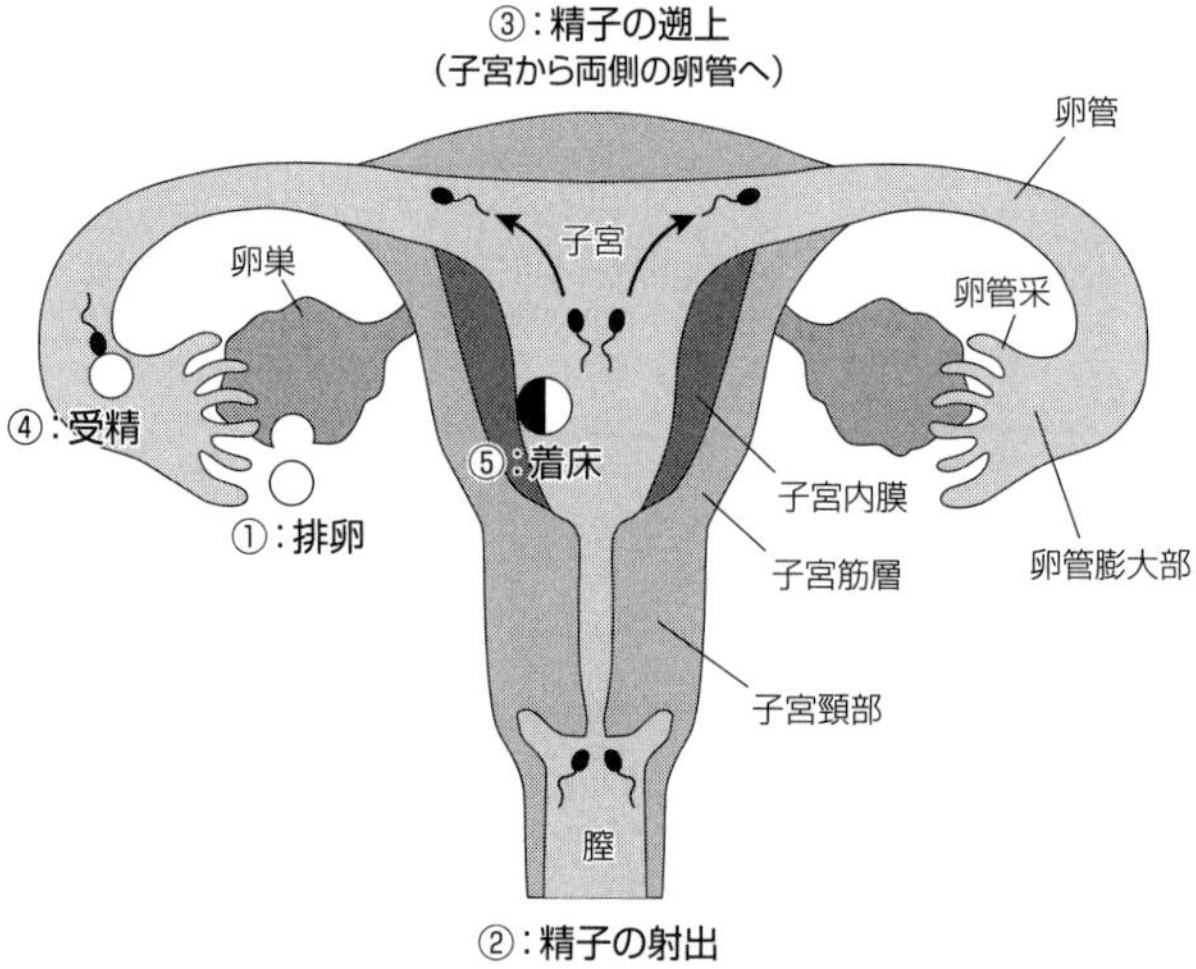

図表6-2　ヒトの排卵から受精までの流れ

また、ヒトでは第一分裂で生じた第一極体が原則として第二分裂をしないので、厳密には受精をしても減数分裂が完了したとはいえない。つまり、１次卵母細胞は第一分裂の結果、１つの２次卵母細胞と１つの極体（第一極体）を作り、この２次卵母細胞が受精して第二分裂を完了すると、１つの卵（受精卵）と１つ極体（第二極体）ができる。第一極体は第二分裂をしないので、ヒトでは極体の数が３つではなく、２つあることが受精成立の証拠になる。

受精に至るまでには卵も精子も厳しい選別の旅をしている。射出される精子は１億個を超えるが、受精できるのはわずか１個だ。この非常に厳しい選別の旅は、精子が射出された瞬間から始まり、膣、子宮、そして卵管を遡上し、受精するまでのわずか１～２日間で終了することになる。

一方、卵の選別は胎児期から更年期にかけて長期にわたる。胎児の頃に卵巣内に形成された７００万個の卵原細胞は、細胞分裂を停止し、すべてが１次卵母細胞へと分化し、減数分裂の第一分裂の途中で停止する。これらの細胞はその後、思春期から更年期にかけて毎月１つが選ばれて第一分裂を完了し、２次卵母細胞となって排卵されるが、その総数は最終的にわずか４００個ほどだ。選ばれる確率はわずか０・００６％である。

ただし１次卵母細胞は、胎児期から最長で更年期までと長期にわたって第一分裂の途中で停止したままで、その後の排卵と受精によって一気に進行する第一分裂と第二分裂の際に、染色体の分離がうまくいかなくなる頻度が年を経るごとに上昇する。

以上が減数分裂から受精までの道のりだ。あらためて卵原細胞と精原細胞の違いに注目しつつ、ここまでの話をまとめよう。

① 卵原細胞は胎児期に1次卵母細胞に分化して消失するが、精原細胞は生涯存続する
② 減数分裂の開始は、1次卵母細胞は胎児期だが、1次精母細胞は思春期から
③ 減数分裂の終了は、2次卵母細胞は最後の排卵となる更年期で、精子形成は生涯続く
④ 1次卵母細胞が始めた減数分裂は受精しても厳密には完了していない

以上のように生殖細胞はゲノムの脱出装置として、2つの複雑で厳しい関門（減数分裂と受精）を突破してはじめて、新しい核ゲノムを受精卵のなかに誕生させることになる。こうした子孫形成の後で、新しい核ゲノムによる新しい個体形成と子孫形成がスタートする。

ミトコンドリアゲノムの子孫形成

ここまで述べてきた脱出劇の主役は核ゲノムであった。ここから少し目線を変えて、ミトコンドリアゲノムについても見ていこう。

無性生殖をするミトコンドリアゲノムは、有性生殖をする核ゲノムのようにあらかじめゲノムを半数体にしたり、組換えをしたりはしない。ただ、同一細胞内のミトコンドリア同士は、融合したり分裂したりして相互作用をしているため、ミトコンドリアと祖先を共有する細菌とは異なり、ゲノム同士が同一ミトコンドリア内で直接接触できる環境、つまり組換えをする環境が整っている。

とすると、ミトコンドリアも組換えによって遺伝子の多様性を生み出しているのではないか。そう考える人もいるかもしれない。しかし実際は、ミトコンドリアゲノムはクローンとして増殖しており、ほとんど同じ塩基配列を持つ集団であるために、仮に異なるゲノム間で組換えを起こしたとしても、それを判別できないだけでなく、「ゲノムの多様性創出」という生物学的意義も存在しないことになる。

ただ、塩基配列の異なる同属異種のマウスのミトコンドリアゲノムを人為的に同一個体内の細胞に共存させると、ごく稀に短い領域での組換えは検出される。これには「ゲノムの多様性創出」ではなく、隣接するゲノムを利用した「ゲノムの修復」という別の生物学的意義が存在しているようだ（本書では詳細を省く）。

では、脱出はどのようにして行われているのだろうか。

ミトコンドリアゲノムは細胞内共生の際に、持っていた遺伝子の大半を核ゲノムに移行させてしまったため、核ゲノムと一緒でなければもはや自然界で生存することができない。一方で、培養がん細胞のなかへミトコンドリアを人為的に脱出（移植）させると話は違ってくる。永遠の寿命を持つがん細胞の核ゲノムのおかげで、移植された高齢者由来のミトコンドリアゲノムも永遠の寿命を継続することができる。

ただ、実際は人為的に脱出させなくても、ミトコンドリアゲノムは母性遺伝によって次の世代に伝わる。第2章で述べたように、ミトコンドリアの祖先となった細菌は、当時の地球上のさまざまな生存環境のなかで、「真核生物の細胞質」という場所を選んだのである。

つまり、核ゲノムのように脱出のための周到な準備をしているわけではなく、単にたまたま卵の細胞質という生存環境に存在したミトコンドリアとそのなかのミトコンドリアゲノムが、次の世代に受動的に引き継がれるだけなのだ。

ゲノムの普遍的なミッションとは

ここまでで述べてきたように、核ゲノムが遺伝子のスイッチに託した最後のミッションは子孫形成であった。ここでは詳しく述べなかったが、生殖幹細胞の形成、生殖細胞の分化、減数分裂、そして受精などに関わるスイッチを核ゲノムがコントロールすることで、子孫形成は成立している。しかも、卵や精子由来の核ゲノムのスイッチが受けたエピゲノム修飾は受精卵のなかで自動的にリセットされ、新しい世代が始まるのである。

第3章の最後に、「ゲノムと遺伝子の定義を見直し、両者の意味をあえて厳密に区別するという視点に立てば、そこではじめて見えてくる新しい景色がある」という趣旨のことを述べた。そして、ここまでの話で見えてきたのは、核ゲノムが非遺伝子領域に存在するスイッチを巧みに活用して、3種類のミッション、つまり個体形成、個体老化、そして子孫形成の実行を遺伝子のスイッチに託す景色である。

ただし、これらはヒトのゲノムを中心とした話で、すべての生命のゲノムがスイッチに託す「標準」のミッションではない。

まず、多くの生命で個体老化は省略される。植物の場合、テロメラーゼ遺伝子の発現が抑制されないためにテロメアは短縮されない。したがって、植物のなかには体細胞の一部をそのままクローン増殖させること、つまり栄養生殖などの無性生殖によって子孫形成ができるものがある。また、原核生物（細菌や古細菌）にも個体老化は存在しない。しかも、細胞分裂により１つの個体から２つの個体が形成されるため、個体形成と子孫形成は重複している。

さらに、究極の省略が見られるのはウイロイドだ。彼らはゲノムだけで成り立つ生命であり、個体形成や個体老化をせず、遺伝子のスイッチまで宿主に依存し、唯一行うのはゲノムの自己複製という子孫形成だけである。つまり、すべての生命に普遍的に存在するのは子孫形成だけなのである。

生まれてきた目的

先ほど子孫形成は、核ゲノムが遺伝子のスイッチに託したミッションであると述べた。しかし、このミッションは生殖細胞が単独で達成できるものではない。確かに子孫形成の主役は生殖細胞である。一方で、体細胞は卵巣や精巣を形成することで生殖細胞に適切な生存環境を提供するだけでなく、男女別の個体形成を行い、さらには、男女同士が惹かれ合うような神経系やホルモン系を形成している。そして、死（消去）の運命にある個体同士の協力で、それぞれの個体から絶妙なタイミングで脱出した卵と精子が受精することで、ゲノム消滅の危機を回避するのである。

そう考えると、そもそも個体形成は子孫形成のために存在すると捉えられるのではないか。

第5章の最後に、個体形成したにもかかわらず個体老化させるというのなら、なんのための個体形成なのかという趣旨の記述をした。どうやらこのパラドックスに対する答えは、本章で述べた子孫形成にありそうだ。つまり個体形成と個体老化の2つのミッションの本当の目的は、最後のミッションである子孫形成を成功させ、かつその子孫の存続を確実にするためではないだろうか。多細胞生物である私たちの場合、個体形成により、はじめて受精による子孫形成も可能になる。そして子孫形成を達成した後は、子孫の繁栄のために、自らも犠牲となる個体老化を実行することで、遺伝子のスイッチはゲノムから託されたすべてのミッションを完了する。

確かに個体老化の風景は、個体が徐々に死に至る風景でもあり、決して美しいとはいえなかったかもしれない。しかし、ゲノムが過去に行った個体老化による祖先の消去のおかげで、今の私たちが存在している。この視点から、あらためて個体老化の風景を見直すと、不快感は少し和らぐかもしれない。

本章の冒頭で、今回のツアーは「私たちの存在意義の根幹を問う思春期への旅でもある」と述べた。存在意義の根幹とは、すべての生命が生まれてきた目的は何かということである。「私」が生まれてきた目的は何かという問いに正解はない。しかし、「私たち」が生まれてきた普遍的な目的は１つである。それは子孫形成のため、つまり「子どもを作るため」ではないだろうか。実際に、すべての生命に普遍的な生命活動は子孫形成だけである。

では、ヒトもこの目的に縛られるのだろうか。ヒトが生命であることを考慮すれば、そう考えたくなる。しかし、本当にそうだろうか。ここでは、その答えをいったん保留しておきたい。本書の最終章となる第8章の最後に、この問いに立ち返ろうと思う。

次なるツアーへ

第4章から第6章にわたった、3つのツアーの景色にいずれも共通するのは、ゲノムが自身の存続のために40億年という長い歳月をかけて磨き上げてきた、巧妙で多彩な生命活動の芸術的な美しさではないだろうか。

いずれの場合も、遺伝子のスイッチに対する必然性を持ったエピゲノム修飾により、遺伝子発現を巧妙に制御することが、ゲノムを着実に表現するための原動力となっており、ここには偶然という危険性を有する突然変異は原則として関与していない。スイッチのエピゲノム修飾を原動力としたここまでの3つのツアーは、まさに「ゲノムの表現」を巡るツアーであったといえる。

一方、突然変異はゲノムに無作為的に偶然発生するものである。個体を構成するすべての体細胞ゲノムの同じ場所に一斉に同じ突然変異が生じることはない。このため、突然変異によってある体細胞の生存が危うくなったとしても、多くは個体全体の生存にはほとんど影響しない（細胞のがん化を誘発する突然変異は例外的に個体の生存を危うくする）。

しかし、生殖細胞のゲノムに生じる突然変異は、世代を超えて子孫の個体を構成するすべての細胞のゲノムに受け継がれるので、体細胞ゲノムの突然変異とは大きく異なってくる。もちろん有害なものは致死になるので消失してしまうが、そうでない限りは、長い年月を経て蓄積し、最終的には新しい種のゲノムを創造する原動力ともなるのだ。

ここまでのエピゲノム修飾を原動力としたゲノムの表現ツアーの目的は、すでに創造されたゲノム（生命の設計図）が、どのようにして設計図通りの生き物を作り、その生命活動をコントロールしているのかを理解することであった。では、そもそもゲノムそのものは、どのようにしてできたのだろうか？　生命の根源に迫るこの疑問に答えるため、ここからはゲノムの創造を巡る壮大なツアーへと出発しよう。

第3部

ゲノムの創造

第7章 ヒトゲノム創造までの40億年

ゲノムには複製の際に一定の確率で突然変異が入る。さらに別の生命（レトロポゾンなど）のゲノムが侵入することもあり、いつまでも同じ塩基配列を維持することはできない。このような生命の設計図の書き換えこそがゲノム創造の原動力だ。ここではゲノムが誕生したころの原始の地球へと一気に戻り、生命の成り立ちから、ヒトゲノム誕生までを辿る40億年の壮大なツアーを始めていこう。

生命の始まり

私たちの始まりは受精卵だ。それは何もない状態から突然できたわけではなく、母親の卵と父親の精子に由来する。そして、その源流を求めてさらに過去に遡り続けると、すべての生物の共通祖先にまで辿り着く。

もちろん生命の設計図であるゲノムが、どのようにして誕生し、そこからどのように変化してきたのかを正確に突き止めることはできない。しかし、細胞を基本単位とする生命、つまり生物の場合は、現在の生物が持つゲノムを比較したり、過去の生物の痕跡が刻まれた化石を調べたりすることで、おおまかな過程を推察することができる。

一方で、地球で最初に誕生したのは生物ではなく、細胞を基本単位としない生命だ。ここには「DNAが先か、タンパク質が先か」というパラドックスが存在する。生命はゲノムの素材であるDNAが持つ遺伝情報に基づいてタンパク質を作り、そのタンパク質が持つ生理機能を使ってDNAを複製している。このように両者が相互依存的であるため、このパラドックスに対する答えは見出せない。

ところが近年になって、このパラドックスは新しい局面を迎えた。ＲＮＡにも生理機能があることが発見されたのだ。つまり、「ＲＮＡが先」という別の選択肢（ＲＮＡワールド仮説）が生まれたのである（図表７－１）。

　これまで生理機能を持つのはタンパク質だけだと考えられてきた。しかしＲＮＡは１本鎖であるために、２本鎖からなるＤＮＡと違い、さまざまな構造をとることで生理機能を持つことができる。この仮説によると、細胞が確立される前の原始的な生命では、現在の生物のＤＮＡが果たしている「設計図」の役割と、タンパク質が果たしている「生理機能」の役割を、ＲＮＡが単独で担っていたという。この場合、「最初の生命」は「自己複製するＲＮＡ」であったことになる。

　やがてｔＲＮＡやｒＲＮＡのように、アミノ酸を結合してタンパク質を作るという新しい生理機能を持ったＲＮＡが出現した。これによって、ＲＮＡが単独で営んできた２つの役割のうち、「生理機能」が徐々にタンパク質に置換され、ＲＮＡタンパク質（ＲＮＰ）ワールドが出現した。おそらく、ＲＮＡを構成するのがわずか4種類のヌクレオチドである一方、タンパク質は20種類のアミノ酸でできており、ＲＮＡよりも多様な生理機能を提供できたために置換されたのかもしれない。ただし、ＲＮＡの生理機能がすべてタンパク質に移行した

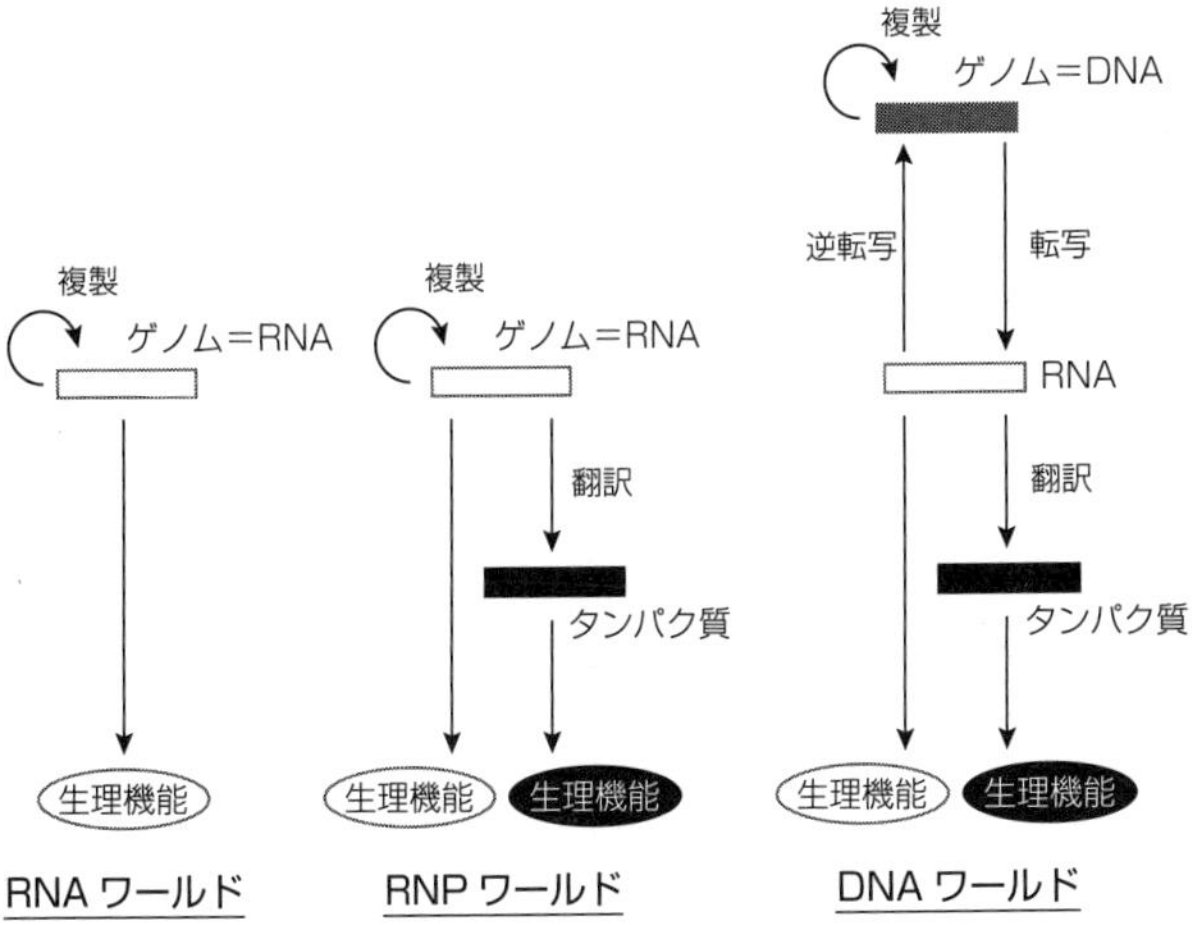

図表7-1　RNA ワールドから DNA ワールドへ

わけではない。一部のＲＮＡは現在でも非翻訳ＲＮＡ（機能性ＲＮＡ）として、タンパク質にはできない生理機能を担っている。

そして、この仮説の最後のステージが現在のＤＮＡワールドである。ここでは、ＲＮＡが果たしてきたもう１つの「設計図」という役割がＤＮＡに移行した。これまでＲＮＡからＤＮＡへの情報の流れはないと考えられてきた。それが逆転写酵素の発見により、ＲＮＰワールドから現在のＤＮＡワールドへの変換が想定できるようになったのだ。実際のところ、今生きているすべての生物はＤＮＡを設計図の素材として使っている。それは、ＤＮＡのほうがＲＮＡよりはるかに安定で、より多くの遺伝情報を保存できる利点があるからだろう。

このＤＮＡワールドで誕生した生物は、細胞を基本単位とするだけでなく、ゲノムの素材がＤＮＡで、そこには必ずｒＲＮＡ遺伝子が含まれるということも共通している。したがってｒＲＮＡ遺伝子の塩基配列の類似性に基づけば、すべての生物の類縁関係を客観的に示す系統樹を作成できる（図表７-２）。

そこで生物の系統樹の共通祖先を私たちのルーツと考え、ここからはヒト誕生までの道のりを辿ることにしよう。ちなみにこの系統樹にはウイルスやウイロイドは含まれていない。それは細胞を基本単位としない生命のゲノムにはｒＲＮＡ遺伝子が存在しないからである。

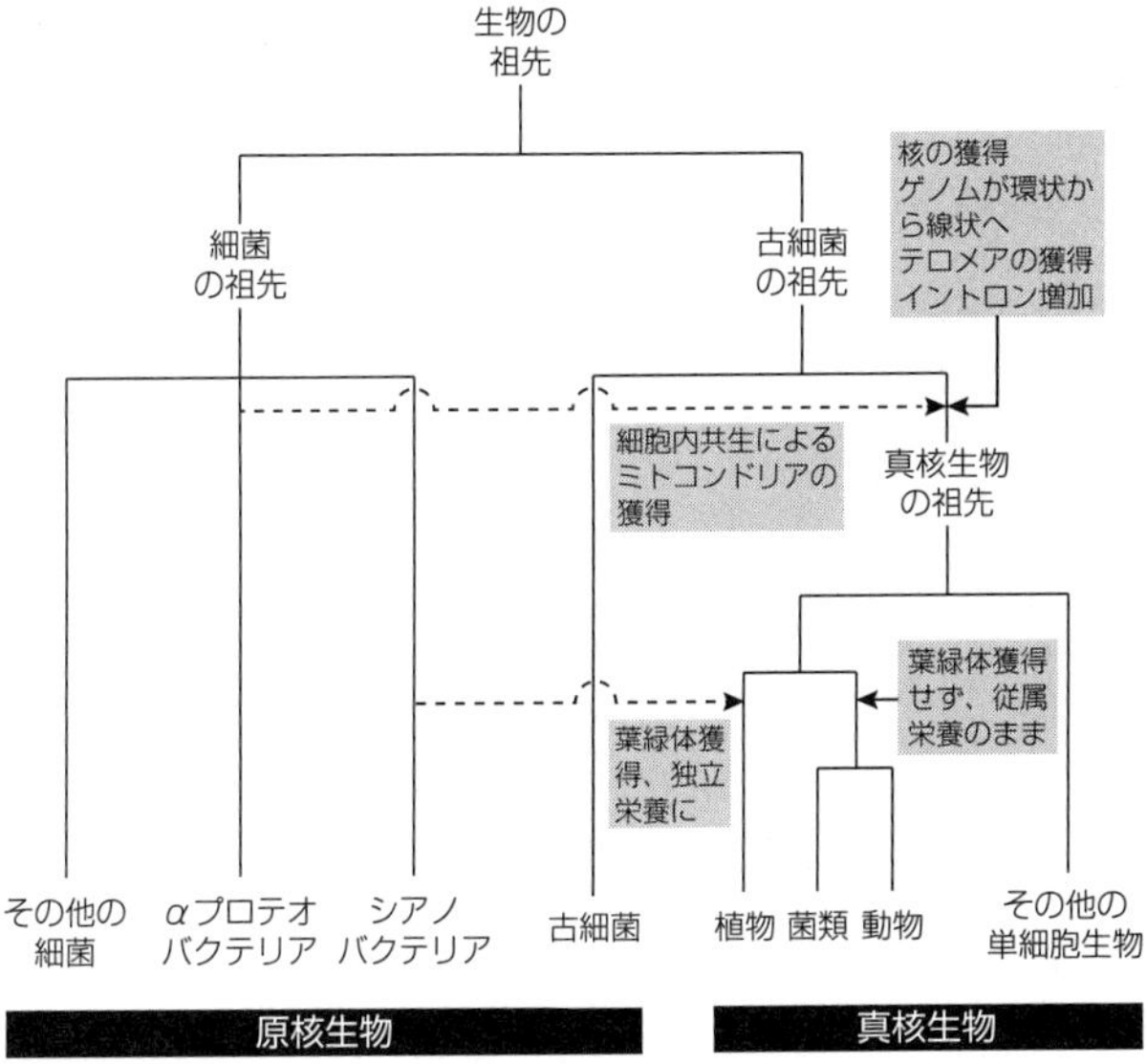

図表 7-2　ゲノムの塩基配列に基づいた生物の系統樹

生物の誕生

地球が誕生したのは46億年前だ。そして、生物（細胞を基本単位とする生命）の最古の痕跡は、40億年前の堆積岩で見つかった炭素の微粒子に残されていた。

有機物は炭素（Ｃ）を骨組みにしており、堆積岩が熱や圧力で変成すると炭素のみが残存する。その炭素には12Ｃと13Ｃという2つの安定同位体があり、生物は有機物合成のために12Ｃを選択的に細胞内に取り込む。つまり生物由来の炭素は12Ｃの比率が高くなるのだ。これを指標にして調査したところ、40億年前の堆積岩中にあった有機物の痕跡の一部が生物起源であると推定された。もちろん細胞を基本単位としない生命も、12Ｃを選択的に利用した可能性は否定できない。よってこの痕跡が生物起源というのはあくまで推定である。ただ少なくとも35億年前までに生物が誕生したことは化石などの調査から明らかとなっている。

地球に最初に誕生した生物の共通祖先から、細菌と古細菌の祖先は誕生した。彼らは原核生物と呼ばれ、核やミトコンドリアといった細胞小器官は存在しない。核が存在しないために、ゲノムは環状ＤＮＡとして細胞質に存在している。

そして細菌の祖先の一部からやがて、光のエネルギーをもとに有機物と酸素を作る光合成関連の遺伝子群を獲得した藍藻類（シアノバクテリア）が出現した。ただ当時、酸素は地球環境にほとんどなく、生物にとっても有害だ。それでも、その後に酸素と有機物を活用した酸素呼吸により、効率よく生命エネルギー（ＡＴＰ）を作る遺伝子群を獲得した好気性細菌、αプロテオバクテリアが出現した（図表7-2、159頁）。

一方、古細菌の祖先は特殊な細胞膜を持ち、さらにその一部は極限環境でも生存が可能で、酸素濃度が上昇しつつあった有害な環境を避けて深海などへ向かった。残りはというと、ごく一部が複雑な細胞膜制御系や細胞骨格系を作る遺伝子群を獲得することになる。ここから真核生物誕生へ向けた大変革が2つ行われるのだ。

ミトコンドリア・エネルギー革命

この2つの大変革のうち、1つがミトコンドリアの獲得だ。古細菌はまず複雑な細胞膜制御系や細胞骨格系を食作用に使うことで、これまで細胞外で共生をしていたと推察される、

αプロテオバクテリアをまるごと細胞内に取り込んだ。そして、それらをミトコンドリアという新しい細胞小器官として、細胞内で共生し始めたのである（細胞内共生説、図表7‐3）。

取り込まれたαプロテオバクテリアは、酸素呼吸により効率よくＡＴＰ合成をする能力はあったが、副産物として自身のゲノムにも有害な活性酸素種（ＲＯＳ）を大量に発生させた。そのため、自身のゲノムの大部分を宿主のゲノムのなかに脱出させた。そして、残されたゲノムはミトコンドリアゲノムと呼ばれ、その祖先であるαプロテオバクテリアのゲノムの名残として環状ＤＮＡのまま、彼らとよく似たｒＲＮＡ遺伝子を持つことになった。この事実は、ミトコンドリアが今でも生物であり、生物同士の細胞内共生によって誕生したという細胞内共生説の有力な根拠になっている。

細胞小器官となったミトコンドリアには、祖先である細菌の形態的な名残はほとんどない。現在のミトコンドリアは基本的に網状となり、まるで細胞内の隅々にエネルギーを供給する送電線だ。つまり、産業革命における蒸気機関の発明のように、真核生物におけるミトコンドリアの「発明」は、大量のエネルギー供給を可能にし、真核生物に「生命活動の革命」を約束したのである。

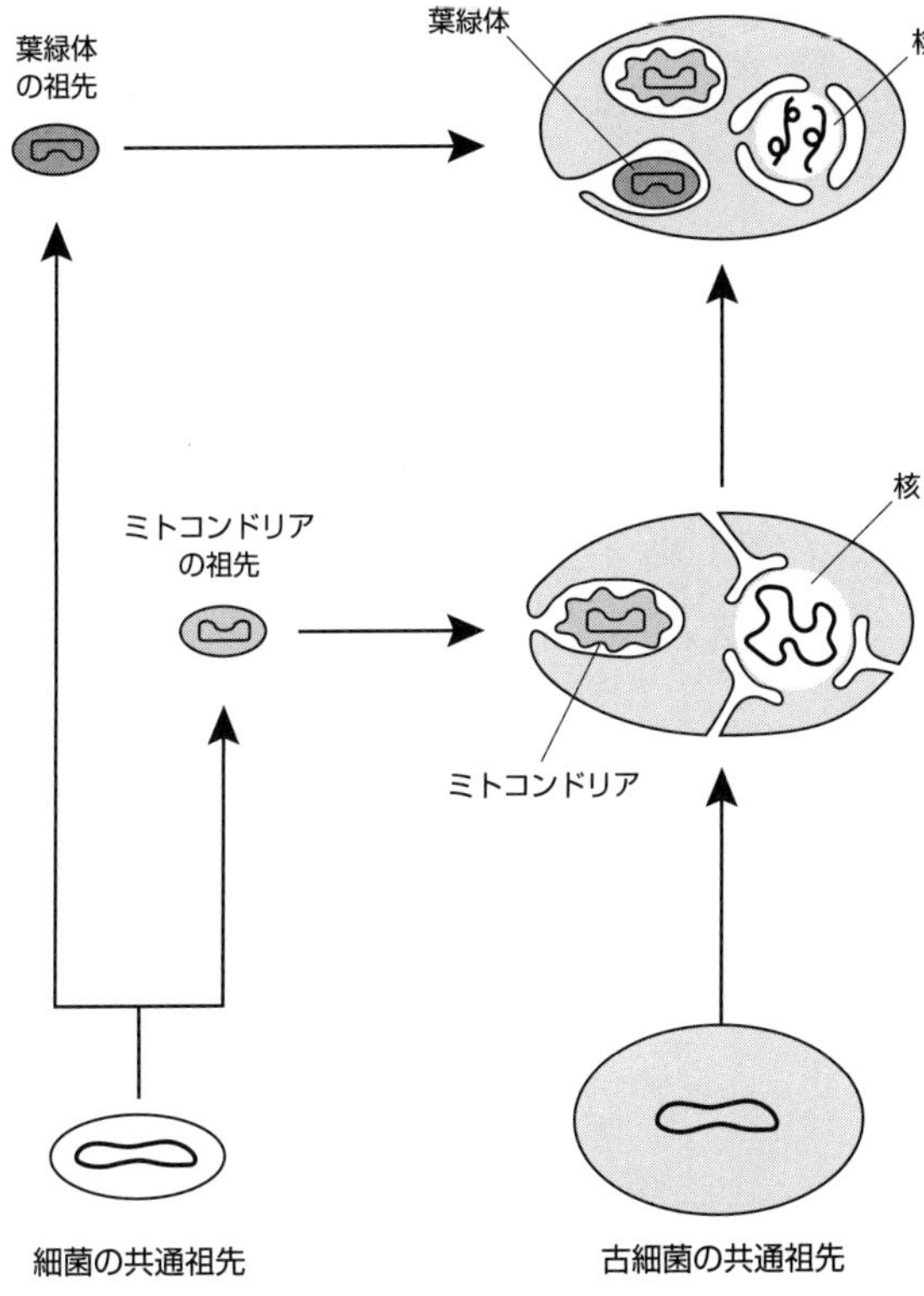

図表7-3　細胞内共生の流れ

核がもたらしたもの

もう1つの大変革は核の獲得だ。ミトコンドリアを獲得しつつあった古細菌は、自身の複雑な細胞膜制御系を使い、細胞膜にくびれを入れることで、2層の細胞膜からなる核膜を形成したと考えられている（図表7-3）。そして、そのなかに古細菌自身のゲノムと、αプロテオバクテリア由来のゲノムの一部を保管し、核という新しい細胞小器官を誕生させたのである。この核膜のおかげで、細胞内共生をしたαプロテオバクテリア（ミトコンドリア）が発生させる有害なＲＯＳから、これらのゲノムを守ることができるようになった。

さらに核の獲得は、彼らのゲノムにイントロンの増加を許容した。例えば原核生物の場合、遺伝子は転写後にすぐリボソームで翻訳されるため、イントロンがこれ以上増えると、イントロンの除去（スプライシング）が追いつかず、翻訳に大きな障害が起きる。しかし、ゲノムを核膜で被ってしまえば、核内でスプライシングを完了してから、核を出て細胞質のリボソームで翻訳を行うことができる（図表3-2、87頁）。余裕が生まれるのだ。このため、細菌と古細菌のゲノムから持ち込まれたわずかな数のイントロンが自己増殖し、遺伝子のあちこちに転移しても問題が発生しなくなった。また、ゲノムは環状から線状に変化してより多くの遺伝情報を蓄積できるようになり、末端を保護するテロメア（第2章参照）も獲得して、核ゲノムが誕生したのである。

このように、真核生物の核ゲノムは基本的には一部の古細菌のゲノム由来だ。一方、ミトコンドリアゲノムは細胞内共生をした細菌のゲノム由来であるが、これまで何度か述べた通り、その大部分はすでに核ゲノムに移行している。このため、真核生物の核ゲノムは、主に複製や転写・翻訳に関与する古細菌由来のゲノムと、主にエネルギー・物質代謝に関与する細菌由来のゲノムの両方で成り立っているといえる。

ただし、真核生物の祖先が誕生する際、これら2つの細胞小器官の獲得はどちらが先だったのかという問題は決着がついていない。

実は、ミトコンドリアは持つが、核を持たない生物は存在しない。逆に、核は持つが、ミトコンドリアを持たない生物は存在する。「核が先」のように思えるだろう。しかし、後者はミトコンドリアを獲得しなかった真核生物の末裔ではない。彼らの核ゲノムにも、ミトコンドリアから核に移行したゲノムの一部が残存し、細胞質にはその遺伝子産物を含む、ミトコンドリアの痕跡が存在しているのだ。おそらく、彼らはミトコンドリアを獲得した後、酸素の少ない環境や別の生物への寄生生活に適応したことで、酸素呼吸能を持つミトコンドリアが不要となって、その部分を2次的に退化させたのであろう。

多細胞動物への入り口

真核生物は、特殊な古細菌の仲間と特殊な細菌の仲間が細胞内共生するという劇的な形で誕生した。これは今から21億年前の話である。その後、現在に至るまで新たな細胞内共生による真核生物の誕生は起きていない。つまり、このときの細胞内共生こそが、遠い未来の地球でヒトが誕生するための第一歩となったのである。

ここで誕生した真核生物の一部は、さらに別の細菌（光合成で有機物と酸素を作るシアノバクテリア）も取り込んで細胞内共生を始め、葉緑体という新しい細胞小器官を獲得した（図表7－3、163頁）。その結果、光合成で有機物を作る「独立栄養」という生存戦略が可能となり、現在も植物として繁栄している。

では、葉緑体を獲得できなかった真核生物はどうなったのかというと、私たちがその末裔なのである。コストがかかる有機物の産生をすべて植物に任せて、彼らから栄養を摂取する「従属栄養」という生存戦略、つまり「植物に寄生する」ことを選択したのである。そこから菌類（キノコやカビなど）や動物の祖先が誕生した。ただし、菌類はずっと環境中の有機物を分解して吸収する「従属栄養」であるのに対し、動物は新たに捕食による「従属栄養」を進化させた（図表７-４）。

外見的特徴から見ると、菌類と動物が近縁であることには違和感があるかもしれない。しかし、これはゲノムの塩基配列の類似性という客観的指標に基づく。さらに、従属栄養の他にも、両者の共通祖先だけが持っていた遺伝形質が存在する。それは、精子など運動性を持つ細胞に鞭毛が１本あり、これが運動方向の反対側についていたことである。ただ菌類は原始的な仲間を除いて、現在までにこの鞭毛を２次的に退化させている。

動物は単細胞動物である立襟《たてえり》鞭毛《べんもう》虫《ちゅう》と、多細胞動物である後生《こうせい》動物に分けられる。このうち立襟鞭毛虫の祖先のゲノムは、餌となる細菌を細胞の一部である襟に接着させて捕食するために必要な遺伝子をすでに獲得していた。そして、この遺伝子を今度は細胞と細胞の接着に転用したことが、多細胞からなる後生動物誕生の要因の１つになったようである。

進化の段階	獲得した遺伝形質および遺伝子
動物の祖先	捕食従属栄養に。
後生動物の祖先	**細胞間接着遺伝子の獲得**、多細胞化。
二胚葉動物の祖先	原口獲得。二胚葉性（外胚葉＋内胚葉）、組織の分化、放射相称に。**原口形成に必要な転写因子遺伝子の獲得。**
三胚葉動物の祖先	中胚葉獲得。三胚葉性、左右相称に。**原口形成に関わる転写因子の遺伝子を中胚葉形成に転用。前後軸に沿った組織形成を支配する遺伝子群を重複突然変異で獲得。**
新口動物の祖先	口を獲得、原口は肛門に。
脊索動物の祖先	**原口の形成に必要な転写因子の遺伝子を転用して脊索形成。**神経管と中枢神経系、鰓弓と鰓呼吸を獲得。
脊椎動物の祖先	**核ゲノム重複（1回目）**。脳を形成。**コラーゲンの遺伝子群**などを活用して軟骨（軟骨頭骨、脊椎骨、鰓弓骨）を形成。
顎口類（魚類）の祖先	**核ゲノム重複（2回目）**。顎骨、対鰭の獲得。**カルシウムとリン酸の運搬機能を持つ遺伝子を転用して硬骨を形成。**
硬骨魚類の祖先	肺を獲得。
シーラカンス·肺魚の祖先	**対鰭内に骨格を形成するための遺伝子のスイッチを獲得。**
陸上脊椎動物の祖先	対鰭から四肢を形成 。
有羊膜類の祖先	陸上生活に。羊膜獲得。**カルシウムとリン酸の運搬機能を担う祖先型遺伝子から卵殻形成を担う遺伝子を獲得。**
哺乳類の祖先	毛、汗腺、恒温性、横隔膜を獲得。**レトロポゾンが遺伝子のスイッチとなり、乳腺を形成。カルシウムとリン酸の運搬機能を担う祖先型遺伝子から母乳の成分を作る遺伝子を獲得。**
有袋類の祖先	**卵黄を作る遺伝子が退化。レトロポゾンが持ち込んだ遺伝子やスイッチを活用して卵黄嚢胎盤を獲得**、卵生から胎生へ。
真獣類の祖先	漿尿膜胎盤獲得。
霊長類の祖先	**霊類特異的SINE（Alu）の出現。**
類人猿の祖先	尾が退化。
人類（ヒト）の祖先	直立二足歩行、**ヒト特異的Alu獲得。**

図表7-4　ヒト誕生までの道のり

できあがる原始の組織

最初に誕生した後生動物の祖先から、ほぼそのまま現在に至ったのがスポンジ状の海綿動物だ。この生物は、有機物や細菌などを捕食して消化する食細胞（襟細胞）を基本とする1層の細胞集団からなる。まるで単細胞動物の立襟鞭毛虫の集合体（群体）のようであるが、他にも生理機能が異なる細胞やそのもととなる幹細胞も存在する。ただし、まだ口や肛門に加え、組織（生理機能が同じ細胞の集合体）も未発達で、呼吸器（鰓《えら》）もないために体表呼吸である。

残りの後生動物の祖先は、新たな1層の細胞集団を内胚葉として独立させ、2層の細胞集団からなる刺胞動物（クラゲやサンゴやヒドラなど）となった。2層のうち外側は外胚葉、内側は内胚葉と呼ばれている（図表7‐4）。

内胚葉は、外胚葉の一部が原口《げんこう》という構造体を通して内側に沈み込む（陥入）ようにしてできた。この時点で肛門はまだ存在しない。内胚葉を形成できるようになったのは、刺胞動物のゲノムが、原口（内胚葉の陥入部分）の形成に必要な転写因子の遺伝子を獲得したことが1つの要因のようである。

こうして原始的な組織はできあがった。内胚葉からは肛門のない原始的な消化管・胃腔を構成する上皮細胞（消化細胞）ができたが、鰓といった呼吸器は未発達で、体表呼吸である。外胚葉からは上皮細胞や刺胞細胞（餌をとるための毒針を持つ細胞）、さらに、幹細胞に相当する間《かん》細胞が形成された。この間細胞からは網目状の神経系（散在神経系）などが形成されるが、本書のテーマである「ヒトたらしめるもの」を知るうえで最も重要な神経系の起源は、まさにここなのである。

なお、内胚葉と外胚葉の上皮細胞にはともに筋繊維があり、筋細胞としての収縮機能も持つ。しかし、この後に出現する三胚葉動物では、彼らが新しく獲得する中胚葉から筋細胞が形成される。また、刺胞動物は放射相称で方向性を持った運動ができないため、固着生活か浮遊生活を強いられている。

放射相称から左右相称へ

次に出現した三胚葉動物は、刺胞動物が獲得した原口の形成に必要な転写因子の遺伝子を、新たに中胚葉を形成するために転用し、ここから筋肉や骨の組織を形成した。さらに、この遺伝子とは別の転写因子の遺伝子群（前後軸に沿った組織形成を支配する転写因子の遺伝子群）を、遺伝子重複突然変異によって10個以上に増やしたうえでゲノム上に連続的に並べ、これらを前後軸に沿って発現させることで、「秩序ある組織形成」が可能となった。その結果、体は放射相称から左右相称となる。このおかげで方向性を持って素早く動けるようになり、固着生活や浮遊生活から解放されたのである。

この三胚葉動物には2つのグループが存在する。1つは旧口動物で、原口がそのまま口になり、肛門が新しく形成された。また、中枢神経系（多数の神経細胞が集まった神経組織）が消化管の腹側に形成された。ここから誕生したのが、プラナリアなどの扁形動物やミミズなどの環形動物、タコや貝類などの軟体動物、センチュウなどの線形動物、昆虫類や甲殻類などの節足動物である。

もう１つの三胚葉動物グループは、私たちも含まれる新口動物で、旧口動物とは逆に原口は肛門となって、新しく口が形成された。しかも、背腹軸が逆転し、中枢神経系は消化管の背側に形成される。しかし、前後軸に沿った組織形成を支配する転写因子の遺伝子群同士は、お互いに非常によく似ている。外胚葉からは神経系が、内胚葉からは消化管や呼吸器（鰓）が、そして中胚葉からは筋肉、骨、血球が形成されていく。

この新口動物の祖先がそのまま現在に至ったのがウニやヒトデなどの棘《きょく》皮《ひ》動物だ。ただし、左右相称は幼生期までで、成体は放射相称になり固着生活に逆戻りした。また、鰓呼吸に必要な鰓《さい》裂《れつ》を形成する遺伝子を持つものの、鰓は退化して体表呼吸に逆戻りしている。さらに中枢神経系は未発達で、散在神経系しかできない。

残りの新口動物の祖先から誕生したのが脊索動物である。このグループは原口の形成に必要な転写因子の遺伝子を転用することで、中胚葉の形成だけでなく、背側の中胚葉から脊索を形成した。脊索は自身に接する背側の外胚葉に働きかけて神経管を誘導した。ここではじめて中枢神経系である脳と脊髄が形成されたのである。一方、内胚葉からできる消化管の咽頭部分の左右両側に、呼吸器としての鰓を構成する鰓裂と鰓《さい》弓《きゅう》も形成され、体表呼吸から鰓呼吸が中心になった（図表７－４、１６８頁）。

脊索動物は、出現順に頭索動物（ナメクジウオなど）、尾索動物（ホヤなど）、脊椎動物（ヒトなど）に分けられる。ちなみに頭索動物や尾索動物では、神経管の前方からはまだきちんと領域化された脳は形成されないし、神経管を保護する背骨（脊椎骨）も出現していない。

複雑化を可能にしたゲノムの倍化

脊索動物の祖先から最後に誕生したのが脊椎動物の祖先である。彼らはまず、核ゲノム全体を１回重複させた。そこから円口類の祖先が出現し、残りはさらにもう一度核ゲノムを重複させる（図表７‐４、１６８頁）。これで核ゲノムのサイズが４倍になったのである。

染色体が１本増えるだけでも生存は難しくなる。にもかかわらず、私たちの祖先はすべての染色体（核ゲノム）の重複が２度起きても絶滅しなかったのだ。この大変革のおかげで、各々の遺伝子やスイッチは４個も重複することになった。これで、さまざまな試行錯誤を許容できる自由度が増加する。重複部分の多くは削除されたが、それでも一部は突然変異により別の生理機能を備えたことで、新しい組織と新しい遺伝形質を獲得するチャンスが生まれ、その後の脊椎動物に飛躍的な進化を約束した。

脊椎動物の祖先が1回目のゲノム重複をして誕生したヤツメウナギなどの円口類は無顎類と呼ばれ（図表7－5）、まだ顎がないために海底の泥などから有機物をこし取ったり、この後に出現する魚類の体液を吸ったりした。一方で、頭部の神経管からはヒトの脳の原型ともいえる基本構造がはじめて確立された。

さらに、ここではじめて、組織に強度や弾力を与えるコラーゲンの遺伝子群などを活用して軟骨形成能を獲得し、軟骨頭蓋、脊椎骨、鰓弓骨を作った。これらはそれぞれ、脳や脊髄を保護し、呼吸器として左右に形成される鰓の鰓弓を支えた。なお前方の鰓弓骨は、この後に誕生する顎口類（魚類）で上下の顎骨形成に転用される。ただし、いずれ四肢動物（陸上脊椎動物）の四肢に転用されることになる対鰭《ついき》（左右で対となる胸鰭《むなびれ》と腹鰭《はらびれ》）はまだ形成されない。

残りの脊椎動物の祖先は、前述の通り2回目の核ゲノム重複をした。このときに対鰭を獲得した。さらに呼吸器として左右に数対あった鰓弓のうち、前方部の鰓弓の鰓弓骨を顎骨などの形成に転用し、顎を持つ顎口類（魚類）が生まれた（図表7－5）。残りの鰓弓は、これまで通り鰓呼吸に使われたが、この後に誕生する陸上脊椎動物では、鰓弓が呼吸器としては

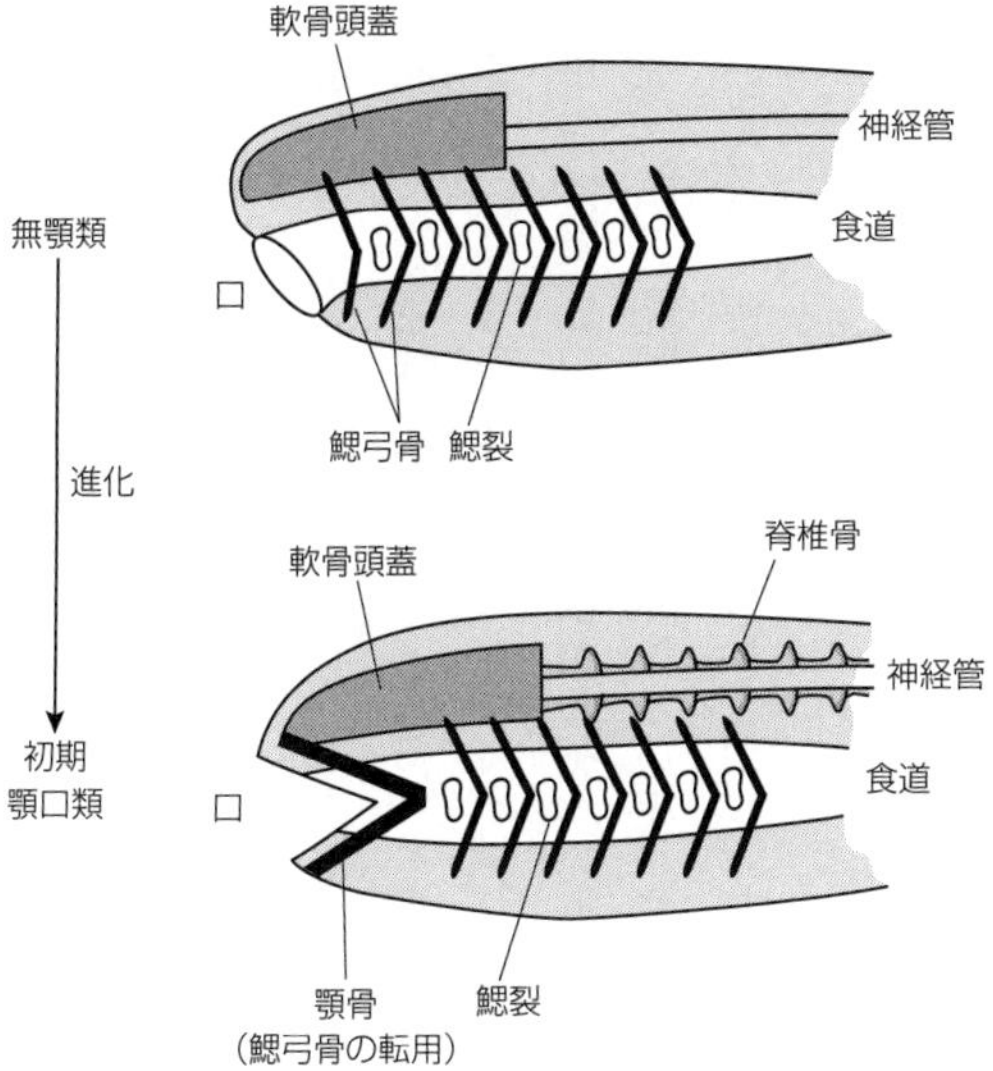

図表7-5　鰓弓骨の顎骨への転用

不要になるため、咽頭周辺の新しい組織（胸腺や副甲状腺など）の形成へと有効に転用される。

魚類の祖先からは、まずサメなどの軟骨魚類が、次に硬骨魚類が誕生した（図表7-6）。最初に顎を獲得した魚類の祖先の化石から、彼らはどうやらコラーゲン遺伝子群に加え、カルシウムとリン酸を運搬する機能を持つ遺伝子群も活用してすでに硬骨（コラーゲンの他に無機物成分としてリン酸カルシウムを含む骨）を獲得し、成長とともに軟骨の大部分を硬骨へと換える軟骨内骨化をしていたという（図表7-4、168頁）。ただ、その後に誕生した軟骨魚類は硬骨を作る能力を退化させ、軟骨のみとなることなどが要因となって浮力を得たようだ。したがって、軟骨魚類はその祖先から現在まで一貫して肺や浮袋を持たない。

一方、硬骨魚類の祖先は消化管の腹側の一部から肺を形成し、浅瀬で肺呼吸と鰓呼吸の両方を行うようになる。しかし、現在の多くの硬骨魚類は、その後に新しい遺伝子のスイッチを獲得したことで、消化管の腹側の肺を退化させ、消化管の背側の一部から浮袋を形成し、浮力を得て水中の王者となった（図表7-6）。これに対し、同じ硬骨魚類であり、絶滅危惧種のシーラカンスは消化管の腹側の肺を退化させずに浮袋として転用しているし、肺魚は現在も腹側の肺を肺呼吸に使用している。この肺と肺呼吸はこの後に登場する陸上脊椎動物へと受け継がれていく。さらに、シーラカンスと肺魚の祖先は対鰭内に骨格を形成するための

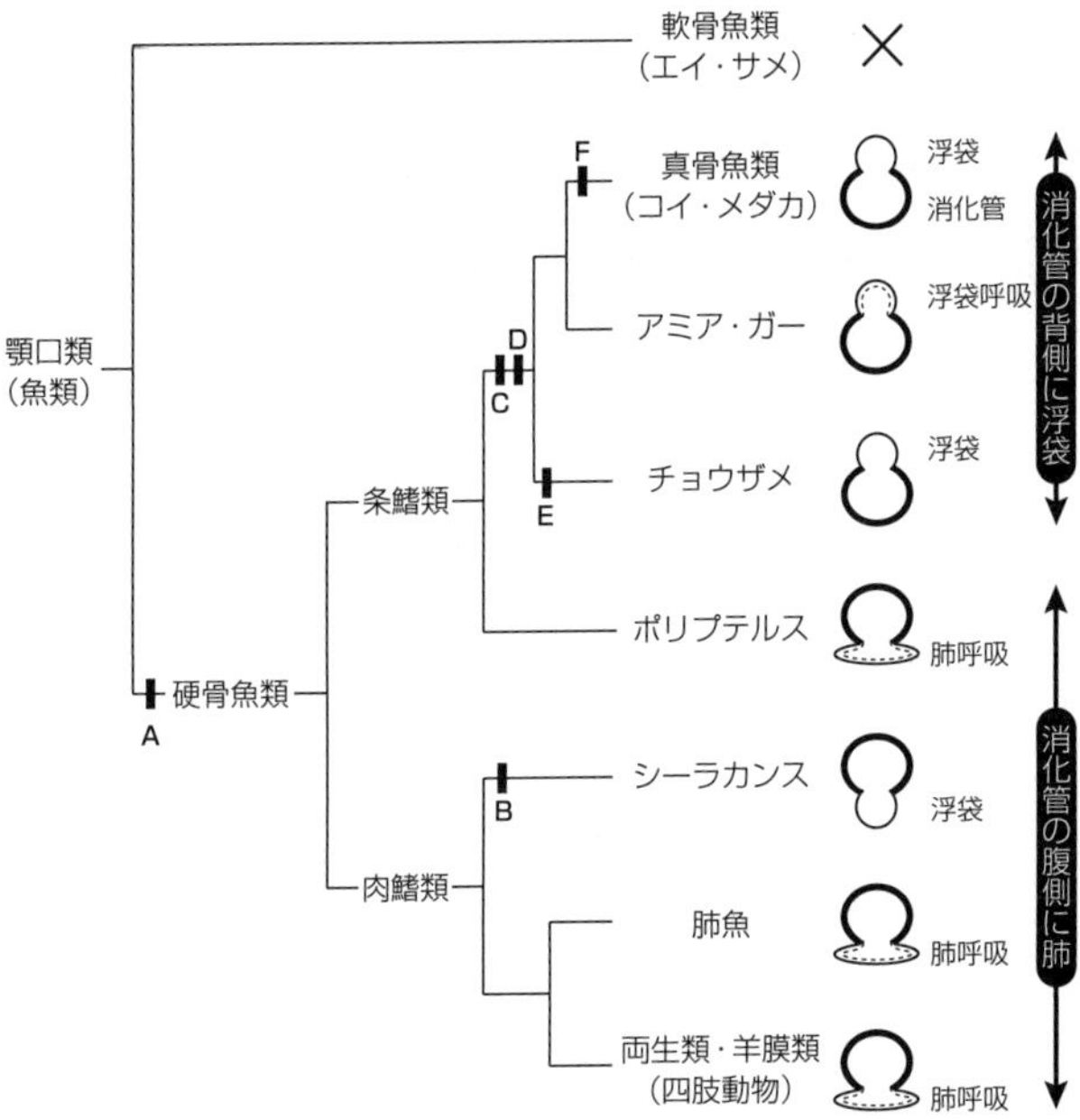

A：消化管の腹側に肺を獲得（肺呼吸）
B：初期胚は腹側に肺形成、途中で浮袋に転用
C：消化管の腹側の肺が退化
D：消化管の背側に浮袋を獲得（浮袋呼吸）
E：消化管の背側の浮袋呼吸が退化
F：消化管の背側の浮袋呼吸が退化

硬骨魚類の祖先が消化管の腹側に獲得した肺を、引き継いでいるのは肺魚と四肢動物のみ。
C、D、Fでは遺伝子の古いスイッチが壊れ、新しい別のスイッチを獲得したことで、腹側の肺が退化し、背側に浮袋を獲得した。

図表7-6　魚類の肺と浮袋の進化

遺伝子のスイッチを獲得し、陸上脊椎動物の四肢形成へとつながっていく。

陸へ逃げた脊椎動物たち

このように、陸上脊椎動物が出現するために必要な肺呼吸や四肢形成は、すでに魚類の祖先が獲得した遺伝形質を転用することで達成し、最初の陸上脊椎動物である両生類が誕生した。両生類は魚類と同じように水中に産卵し、孵化《ふか》した幼生は水中生活を続け、四肢を持たず、体表（皮膚）呼吸と鰓呼吸である。やがて四肢を形成すると、肺呼吸も加わって鰓呼吸を終了し、成体となって陸上生活を始める。

ただ、昆虫や植物や菌類も含めて、生物たちは水中生活から陸上生活を目指して進化したわけではない。脊椎動物の場合、その祖先から魚類の祖先が誕生した後、水中生活に最も適応し、現在も繁栄しているのが真骨魚類である。一方で、水中生活では隅に追いやられ、現在もあまり繁栄できていないシーラカンスや肺魚のような絶滅危惧種の祖先のなかから、なんとか陸上生活への活路を見出したのが私たちの祖先なのである。突然変異の蓄積がゲノムの多様性を創出したことで、それまで水中ではあまり上手に生きられなかった生物のごく一部が、たまたま持っていた遺伝形質を活用し、競争相手のいない陸上へ逃げたことで絶滅が回避できたのである。

続いて、両生類の祖先から分岐し、完全に陸上生活に適応したのが有羊膜類（爬虫類、鳥類、哺乳類）の祖先だ。彼らは陸上での産卵に対応できるように、まず硬骨や歯にカルシウムとリン酸を運搬する機能を持つ祖先型遺伝子から、受精卵を硬い殻（卵殻）で包むための遺伝子を進化させた。次に、受精卵から胚だけでなく胚膜（羊膜、漿膜《しょうまく》、卵黄嚢《のう》、尿膜）も作り、両者の間を羊水で満たすことで、水中で産卵したのと同等の環境を胚の周辺に作り上げるようになる（図表7-7）。

この有羊膜類の祖先の末裔はほとんどが多様な爬虫類となった。その一部からは恐竜が、さらにその一部からは羽毛と同時に飛翔能力と恒温性を獲得した鳥類が誕生する。ただし、彼らは汗腺を持たないために乳腺は形成しなかった。

一方、爬虫類には至らない有羊膜類の祖先はほぼ絶滅した。ただ、ごく一部はなんとか生き延びて、その後に体毛と汗腺を獲得して恒温性となった。さらに、自己増殖したレトロポゾンが新しいスイッチとなることで、汗腺の一部から乳腺が形成されるようになる。その際、

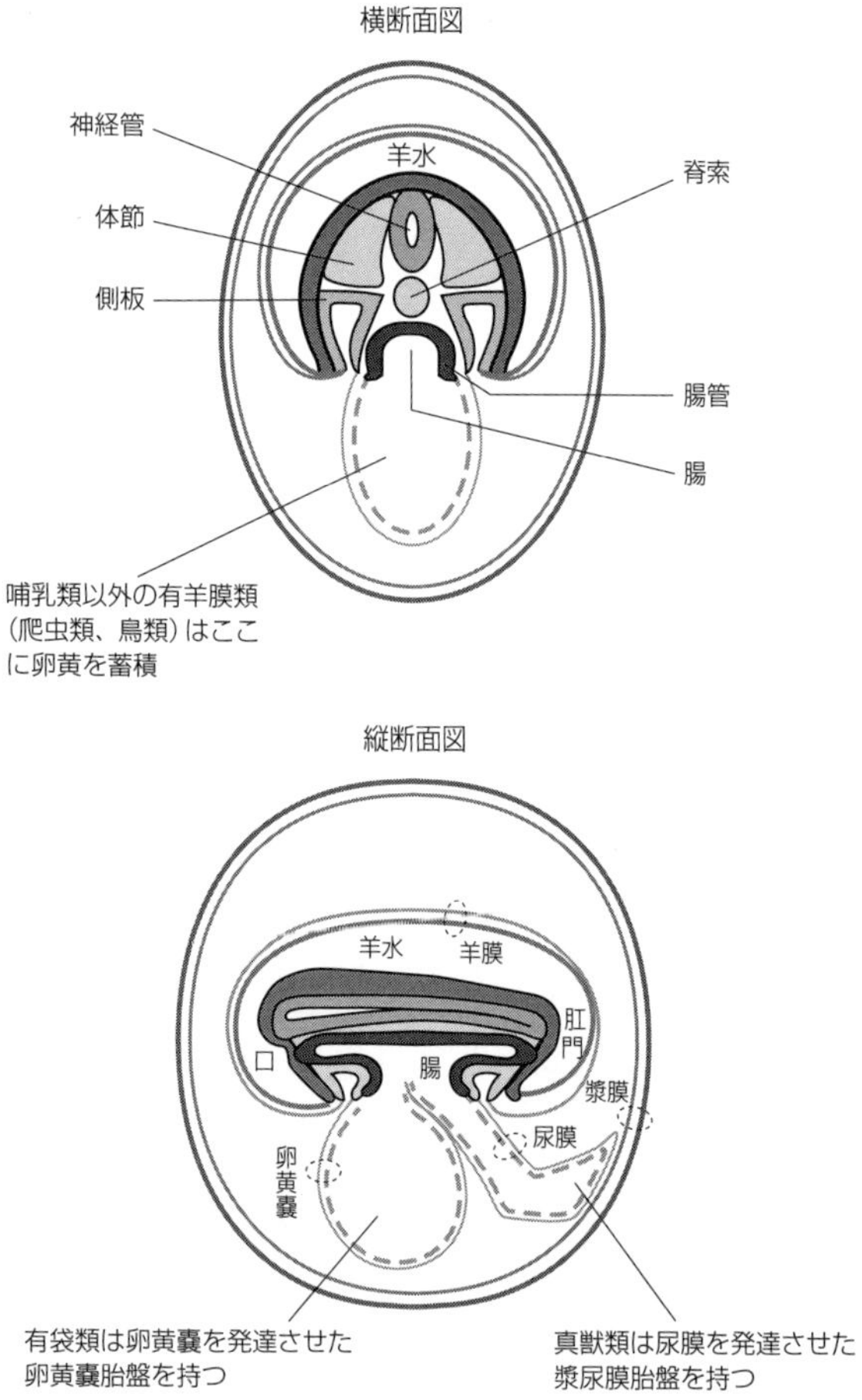

図表7-7　有羊膜類の胚の構造

硬骨や歯にカルシウムとリン酸を運搬する機能を持つ祖先型遺伝子から、母乳の成分である乳タンパク質（カゼイン）を作る遺伝子群を進化させ、それを乳腺細胞で発現させるようになった。これが哺乳類の祖先である（図表7‐4、168頁）。

彼らは、さらに横隔膜に加え、独特な6層構造を持つ大脳新皮質を形成した。後者はその後徐々に巨大化し、高度な認知機能をヒトに提供することになる。ただ、大脳新皮質そのものは、すでに硬骨魚類で出現していたようである。

しっぽを失った先で

哺乳類の祖先からまず出現したのが単孔類（カモノハシとハリモグラ）である。彼らは他の羊膜類である爬虫類や鳥類と同様に卵生であるだけでなく、生殖口、尿道口、肛門が1つの総排出腔として機能するために「単孔」という名前がついている。しかし、爬虫類や鳥類とは違って乳腺を持ち、そこから汗のように浸み出した母乳で、卵から孵化した未熟な新生児を育てるので、れっきとした哺乳類である。現在は主にオーストラリア大陸で生息している。

単孔類が分岐した後、卵黄を作る遺伝子を退化させると同時に、レトロポゾンが持ち込んだ複数の遺伝子を転用するなどして胎盤形成能を獲得し、卵生から胎生になるグループが出現する。まず、胚膜の一種である卵黄嚢を胎盤の一部として利用するようになった生物が有袋類の祖先となった。残りは胎盤形成の場所を卵黄嚢から漿尿膜へ移して有胎盤類（真獣類）の祖先となった（図表７-７、１８０頁）。

卵黄嚢胎盤を獲得したカンガルーなどの有袋類は、この胎盤が十分な酸素と栄養を胎児に供給できないために未熟児で出産し、育児嚢のなかで母乳を与えて育てている。総排出腔からは肛門だけが分離した。現在はオーストラリア大陸やアメリカ大陸の一部などで生息している。

漿尿膜胎盤を獲得した真獣類の祖先は、雌で生殖口、尿道口、肛門が分離した。やがて1億年以上前にローラシア大陸（ユーラシア大陸と北米大陸）、アフリカ大陸、南米大陸のそれぞれで多様化して3集団に分かれた。このうち、ローラシア大陸の集団の一部は、地上生活をする齧歯《げっし》類（ネズミ）などの祖先を含む集団と、両眼が正面を向くことで立体視が可能となった、樹上生活をする霊長類（サル）の祖先を含む集団に分岐し、後者の集団から６５００万年以上前に霊長類の祖先が出現した。

彼らはその後に起きた地球の寒冷化にともない、温暖な東南アジアやアフリカ大陸へ移動した。その一部から３５００万年前に新世界ザル（マーモセットなど）の祖先がアフリカ大陸で誕生し、まだ近くにあった新大陸（南アメリカ大陸）へと渡ったようだ。残りの集団からは、２４００万年前に旧世界ザル（ニホンザルやアカゲザルなど）の祖先と、尾が退化した類人猿（ヒトに近いサル）の祖先が出現した。

尾の退化はヒトが直立二足歩行を始めるための前提となる重要な遺伝形質である。これには、過去に原口の形成や中胚葉および脊索の形成を司るようになった遺伝子が関係しているかもしれない。というのもヒトを含めたすべての類人猿が、この遺伝子の特定のイントロンにレトロポゾン（Alu）の挿入突然変異があり、これと同じ挿入突然変異をマウスに導入すると、マウスの尾が消失したからである。

類人猿の祖先から、東南アジアでは１８００万年前にテナガザルの祖先が、１２００万年前にオランウータンの祖先が誕生した。一方、アフリカ大陸では７５０万年前にゴリラの祖先が分岐して、ヒトとチンパンジーの共通祖先が出現した。そのなかで直立二足歩行の獲得に成功したのは、６００万年前に誕生した猿人だけで、彼らがヒト誕生への道を切り開いたのである。

もちろん尾を失った他の類人猿の祖先のなかにも、直立二足歩行に成功した個体がときどき誕生したはずだが、直立二足歩行を可能にする骨格は出産に難点があるなど、子孫を残すうえでのリスクが非常に高く、その末裔はことごとく絶滅した。猿人の末裔ですらほとんどが絶滅し、現在まで運よく生き延びているのはヒトだけなのである。

猿人からヒト（現生人類）へ

猿人からヒトまでの進化でまず注目すべきは、ヒトと他の類人猿を区別する次の3つの遺伝形質である。

①　直立二足歩行
②　脳の容積の増大
③　石器の作製

そして、これらの点で猿人の特徴は次の通りである。

①不完全ながらも直立二足歩行を可能にした骨格を持つ
②脳の容積はチンパンジーと変わりがない
③石器は原始的なものが確認されているだけ

猿人は熱帯雨林での樹上生活を中心としながら、必要に応じて直立二足歩行を使った地上生活も始めた。やがて気候の乾燥化にともない、一部の地域の植生が熱帯雨林から草原へ変化したことにより、直立二足歩行を活用して、樹上生活から地上生活に活動の中心を移行することで、ヒトへと続く道へ大きく踏み出した。

猿人の一部から250万年前に原人が出現した。この原人は最初のホモ属で、ホモ・ハビリスと呼ばれている。原人は猿人と比べて、先ほどの3つの遺伝形質に変化が見られる。

①直立二足歩行をほぼ完成させた
②①のおかげで脳の容積の増大を引き起こす突然変異が生じても、致死にならずに絶滅

を回避できた

③　①と②のおかげで自由になった手を使って石器は加工したものを作製できた

他の類人猿の祖先でも、脳の容積を増大させるような突然変異が度々生じたはずであるが、直立二足歩行をしない彼らにとって、それは姿勢を保つうえで大きな負担となり、子孫を残すことができなかったのではないだろうか。

このハビリスの一部から、１９０万年前に別の原人であるエレクタスが出現した。彼らは直立二足歩行を完成させ、そのおかげで脳の容積のさらなる増加を許容できただけでなく、長距離を歩けるようになったことで、一部はアフリカ大陸の外へ移住を始めた。この後、大規模な出アフリカ（アフリカ大陸を出ること）は、これを含め、少なくとも3回は繰り返されることになる（図表８-１参照、１９４頁）。

最初の出アフリカは１８０万年前で、エレクタスの一部がアフリカ大陸を出て東南アジアに移住してアジア・エレクタスとなり、そこからジャワ原人などが誕生した。彼らは１８０万年前から10万年前まで存続したが、その間に決して現生人類（ヒト）へと近づく進化はしなかったので、東南アジア人はジャワ原人の末裔ではない。一方、アフリカ大陸に残ったエレクタス（アフリカ・エレクタス）は、１００万年前まで存続したが、実はこの間にヒトの誕生へ向けた準備を始めていた。

まずはアフリカ・エレクタスの一部から、旧人であるハイデルベルゲンシスが、さらにその一部から60万年以上前までにサピエンスが分岐した。サピエンスの一部は60万年前にアフリカ大陸を出て、ユーラシア大陸の中東・欧州方面とアジア方面へと進出し（2回目の出アフリカ）、それぞれが50万年前までにネアンデルタール人とデニソワ人となる。一方、アフリカ大陸に残ったサピエンスからは、30万年前までに新人であるヒトが出現した。やがてその一部は、６万年前までにアフリカ大陸を出て、ユーラシア大陸から世界中へと拡散していった（3回目の出アフリカ）。

サルからヒトは生まれない

このように、サル（霊長類）の祖先は６５００万年以上前に出現し、ここからヒトも誕生した。しかし、だからといって現在のサルが再びヒトに進化することはないし、それを証明するために、６５００万年待つ必要もない。なぜなら、40億年におよぶ生物進化の歴史のなかで、どの生物も一度出現した後に、再び出現した例はまったく存在しないからである。真核生物の誕生も21億年前の一度だけだ。つまり、すべての生物の進化は、これまでに決して繰り返されたことはなく、実際に、サルからヒトへの進化の途中段階であった猿人ですら、二度と出現していない。

　ただし、異なった系統の生物から姿形がよく似た生物が出現することはよくあり、これは収斂《しゅうれん》進化と呼ばれている。例えば、すでに述べた有袋類の祖先からフクロオオカミが出現したが（すでに絶滅）、その後にこれによく似た動物が別の系統から出現した。それが、真獣類のオオカミである。しかし、両者は哺乳類ではあるが、系統的にはまったく異なっており、進化が繰り返されたことにはならない。

　さらに、進化の歴史のなかで１つの種がいつまでも変化せずに存続した例もない。有性生殖をする多くの種は個体数が減少すると近親交雑が進み、子孫を残す能力を失って絶滅するか、逆に個体数が増加することで突然変異の蓄積によりゲノムの多様性も増加し、別々の種に分岐するかのどちらかの道を辿ってきた。ヒトも、いつまでもヒトとしてとどまることはできず、おそらく数百万年後には、いくつかの別種に分岐する運命にある。しかも、今後再びヒトが誕生しないことを考えると、こうしてヒトが地球上に存在しているのは、今だけなのである。

＊

本章では、原始の地球上にはじめてゲノムが誕生したときから、ヒトゲノム創造までの旅をしてきた。過去に生きたおびただしい数の多様な生物たちが、40億年かけて生き抜いた結果としてヒトゲノムが生まれたのである。そして、その一部はつい最近、両親から私たちに受け継がれた。私たちの誕生は、突然変異を原動力として40億年かけた「ヒトゲノムの創造」と、それに続くエピゲノム修飾を原動力とした、わずか1年足らずの「ヒトゲノムの表現（個体形成）」との合わせ技なのである。その意味では「突然変異はゲノムを創造し、エピゲノム修飾はゲノムを表現する」といえるかもしれない。

このように、ヒトゲノムは多様な突然変異の積み重ねで創造された。そこから表現されるヒトは直立二足歩行をし、頭が大きく、石器を加工できるというヒト固有の遺伝形質を持つ。しかし、それではヒトは単なる特殊なチンパンジーの仲間にすぎず、何か釈然としない思いだけが残る。最後となる次章では、何が釈然としないのか、その正体を探っていこう。

第8章

ヒトたらしめるもの

ここまでは、ゲノムにプログラムされた生命活動の様子を、主観を徹底的に排除しながら見てきた。そのうえでヒトといえども生命の一員であり、生命活動をコントロールしている基本原理はすべての生命が共有する、という普遍的な生命観の提案を試みた。しかし、ヒトと他の生命との間には、やはり何か特別な違いがあるのではないだろうか？　ヒトの本質に迫るこの疑問への答えも、ヒトゲノムが支配する遺伝形質のなかに隠されているはずである。そこで最終章では、ヒトと他の生命を分ける特別な遺伝形質を明らかにしていきながら、ヒトたらしめるものとは何かを見つけるための最後の旅へと出かけよう。

そもそもヒトとは何か？

本来ヒトとは人類のことで、６００万年前にチンパンジーの祖先と分岐した後に誕生した猿人、原人、旧人、新人の総称である。したがって、この場合、ヒトだけが共有する主な遺伝形質は直立二足歩行のみとなる。

しかし、一般的に「ヒトたらしめる」という表現などで使われるのは狭義のヒト、つまり私たち現生人類（新人：ホモ・サピエンス・サピエンス）のことである。ここには猿人、原人、旧人は含まれない。ただ、旧人であるネアンデルタール人やデニソワ人は、過去に現生人類（ヒト）と継続的に交雑し、繁殖力のある子孫を残すことができた。とすると彼らも生物学的にはホモ・サピエンスであり、ヒトとは亜種の関係にあったとみなすことができる。

しかし、彼らは独自の文明を創造する前に絶滅したため、少なくとも本書が「ヒトたらしめる」という表現で使うヒトには含めないことにした。なぜなら、文明を創造できる高度な認知機能こそが、ヒトたらしめるものなのかもしれないからだ。

ヒトの共通祖先はアフリカ大陸で誕生し、現在は世界中に拡散している。そのなかで、核ゲノムの多様性が一番大きいのはアフリカ人で、そこからヒトのルーツを辿ると、どうやら100万年前のホモ・ハイデルベルゲンシスの集団にまで辿り着く（図表8－1、194頁）。

この集団は、まず100万年前にアフリカ大陸で2つの大きな集団に分岐したようだ。そのうちの1つ目の集団は60万年以上前にホモ・サピエンスとなった。このサピエンス集団の一部は60万年前にアフリカ大陸を出てユーラシア大陸に移住し、ネアンデルタール人（ホモ・サピエンス・ネアンデルタレンシス）やデニソワ人となる。しかし、彼らは広大な大陸に単一民族のままでいたために近親交雑が進み、3万〜4万年までに絶滅した。

一方、アフリカ大陸に残ったサピエンスは30万年前までにヒトとなり、南アフリカ人、西アフリカ人、東アフリカ人に分岐した。さらに、東アフリカ人の一部は6万年前までにアフリカ大陸を出た後、すでにユーラシア大陸に移住していたネアンデルタール人と交雑を繰り返しながら世界中に拡散し、アジア人や欧州人などとなった。なお、一部のアジア人はさらにデニソワ人とも交雑したようだ。

これらの交雑の証拠は現在生きているヒトの核ゲノムに残されている。保存状態が良ければ、50万年以上前の化石でも残存するゲノムの塩基配列を断片的に解読できる場合があるが、実際にネアンデルタール人の化石を用いて核ゲノムの全塩基配列を決定し、ヒトと比較したところ、アフリカ大陸を出たすべてのヒトの核ゲノムの平均２％の領域がネアンデルタール人由来であった。加えてアジア人、とくにメラネシア人の核ゲノムにはデニソワ人の核ゲノムも平均５％含まれていた。しかも、これら古代人由来のゲノム領域はヒトの個体により異なり、ごく一部の領域を除いて核ゲノムの全体に分散していた。

これに対し、１００万年前にアフリカ大陸で分岐した２つ目の集団は謎の集団（ハイデルベルゲンシス?）で、１つ目の集団からヒトとなったアフリカ人たちと交雑を繰り返しながら、最終的には西アフリカ人の集団に吸収された。この謎の集団がヒトと頻繁に交雑し、非常に大きな遺伝的な多様性と繁殖力をもたらしたことで、ヒトは絶滅の危機を回避できたようである。その意味では、今後、私たちもそれぞれが単一民族のままでいると、遺伝的な多様性が失われ、いずれネアンデルタール人やデニソワ人と同じ運命を辿ることになるのかもしれない。

このように核ゲノムの解析によると、サピエンスの共通祖先の出現は60万年以上前で、ここからヒトのみならず、ネアンデルタール人やデニソワ人も分岐したことになる。なおヒトの出現時期は、ネアンデルタール人やデニソワ人の共通祖先がアフリカ大陸を出た後の60万年前から、アフリカ大陸に残った集団の種内分岐が始まる30万年前までの間、ということに

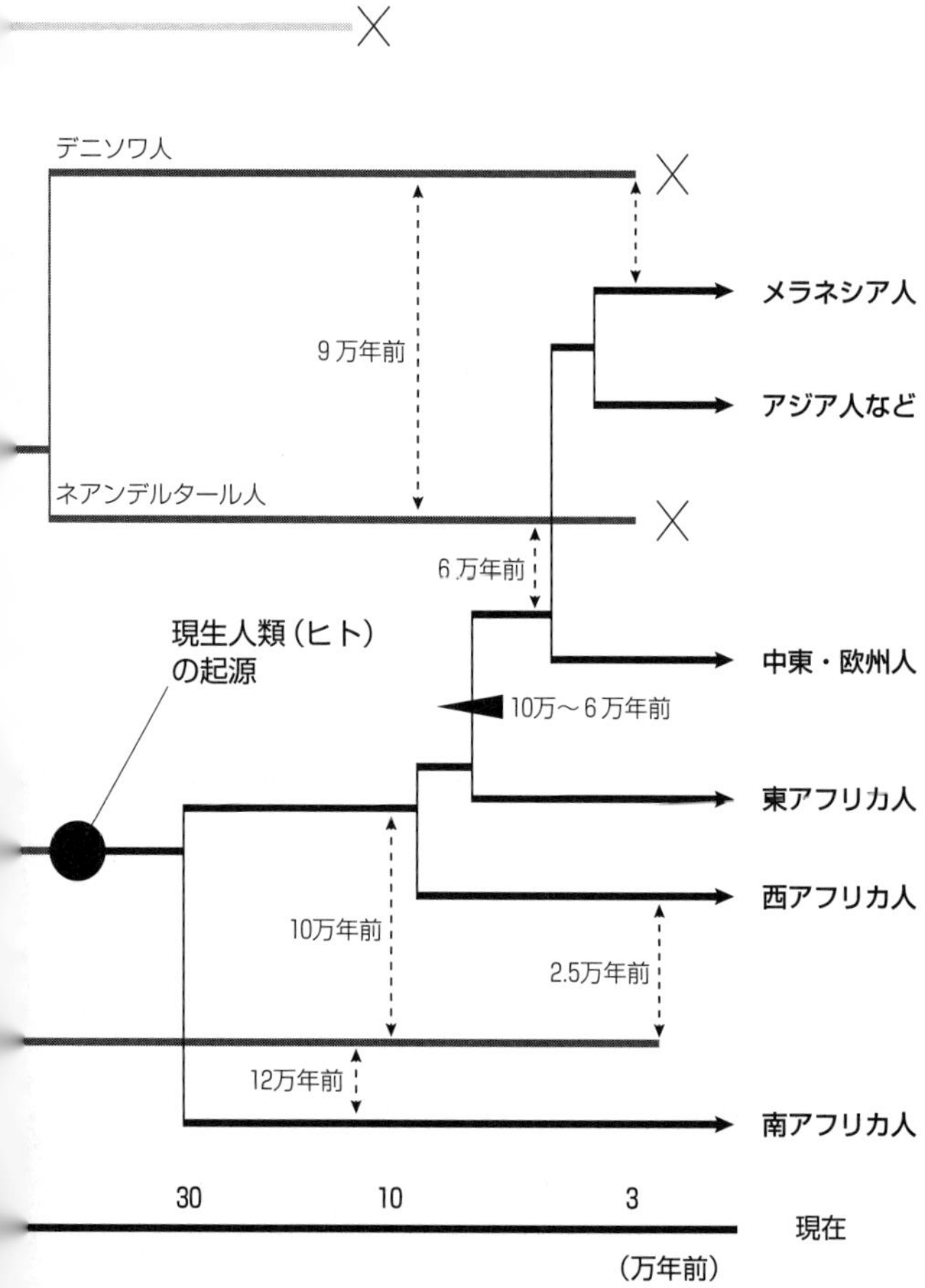
デニソワ人
9万年前
メラネシア人
アジア人など
ネアンデルタール人
6万年前
現生人類（ヒト）の起源
中東・欧州人
10万〜6万年前
東アフリカ人
西アフリカ人
10万年前
2.5万年前
12万年前
南アフリカ人
30
10
3
現在
（万年前）

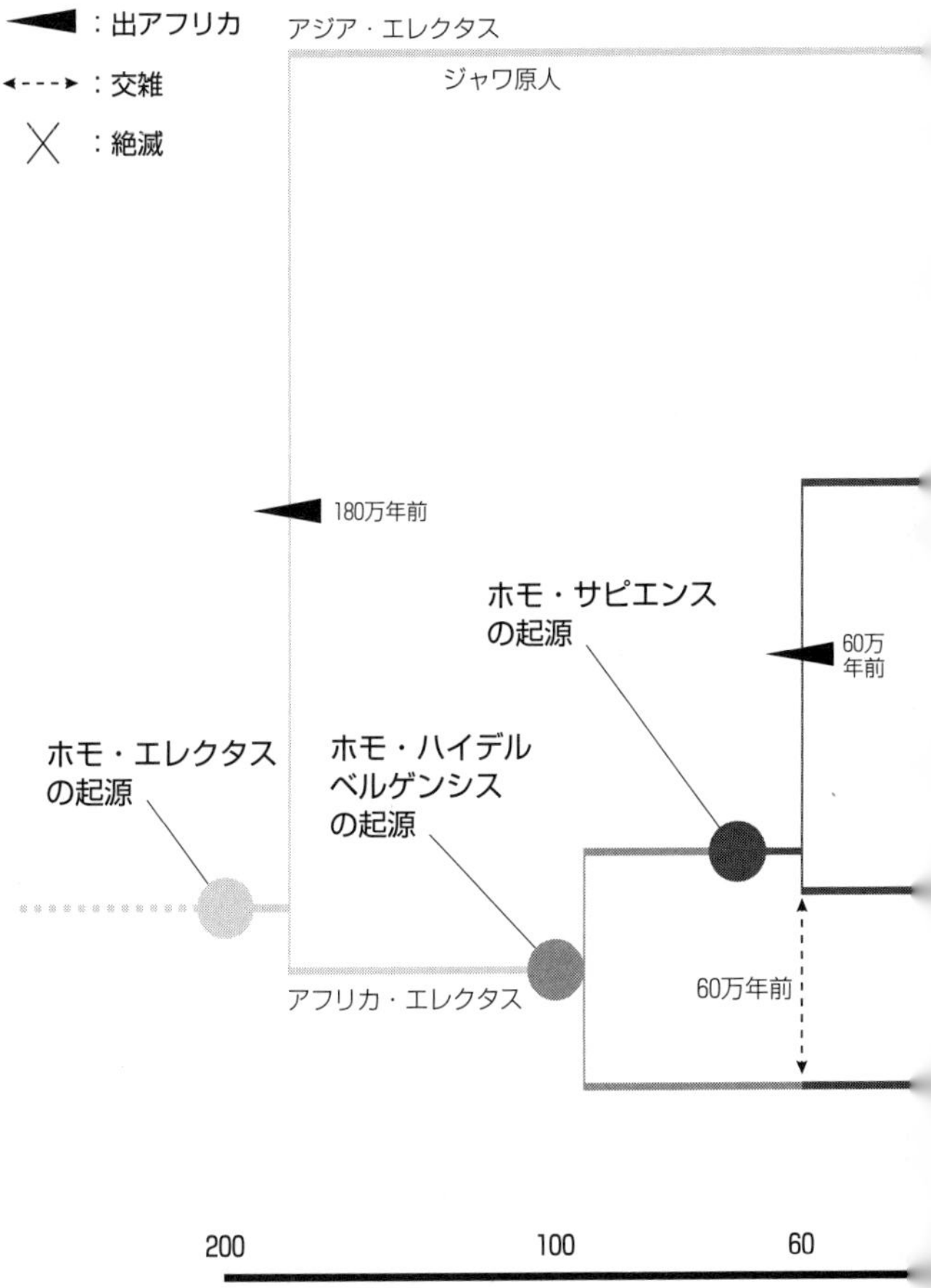

図表8-1　ホモ・サピエンスの系統樹

なる（図表8－1）。

文明発祥までの空白期間

核ゲノムから推定されるサピエンスの誕生が60万年以上前、ヒトの誕生が30万年以上前であるのに対し、洞窟壁画の出現はどんなに早くても数万年前である。例えば、ヒトが南アフリカの洞窟の石に残した幾何学模様の推定年代は7万年以上前、スペインで発見されたネアンデルタール人の洞窟壁画は6万年以上前のものだ。洞窟壁画は作製者の優れた認知機能が投影されたものであり、ヒトとネアンデルタール人はともに高度な認知機能に近いものを数万年前までに手に入れていたことになる。他方、文字の発明や古代文明の発祥は数千年前なので、ここに至るまでにはさらなる認知機能の向上が必要であったのかもしれない。ただ、いずれにしてもここでの謎は「ヒトの誕生」と「洞窟壁画や文明の誕生」の間にある非常に長い空白期間である。

サピエンスが60万年以上前に誕生した時点では、洞窟壁画や文明を創造できる高度な認知機能という遺伝形質は存在していなかったようである。すでに述べたお酒の強さという遺伝形質は、たった1つの突然変異で獲得できたのに対し、高度な認知機能という複雑な遺伝形質の獲得には、おそらくゲノムのなかにかなりの数の突然変異がセットで揃わなければならなかったはずだ。しかし、それぞれの突然変異は当時のサピエンス集団のゲノムに非常に低い割合でしか存在せず、しかも個体間にバラバラに分散していたと考えられる。

やがてサピエンスは、ヒトの祖先とネアンデルタール人・デニソワ人の祖先に分岐するが、これらの突然変異は両方の集団に引き継がれ、それぞれの集団を構成する個体のゲノムに少しずつ広がっていったはずである。そのため、高度な認知機能に必要な突然変異のセットが揃うまでには長い空白期間が必要だったのではないだろうか。ただし、両集団における突然変異のセットの内訳は少し違っていたのかもしれない。

実は、現在のヒトも含め、さまざまな年代の複数の化石を用いて過去のヒトやエレクタス、ハイデルベルゲンシス、ネアンデルタール人との間で頭蓋内の形状を比較すると、誕生したころ（30万年前）のヒトは他の古代人の形状から大きく外れてはいなかった。しかし、その後はネアンデルタール人などの古代人とはまったく異なる方向、つまり、より球形になる方向に向かって独自の進化をしていくようになる。そして、ネアンデルタール人が絶滅する3

万年前までには、現在のヒトにおける多様性の範囲内に収まるようになったのである。

ネアンデルタール人もヒトと同じように、数万年前には洞窟壁画を残す程度の認知機能を持っていたことから判断すると、彼らが数千年前まで生存できたと仮定した場合、文明を創造できたのではないだろうか。一方で、数万年前のヒトの頭蓋内の形状はすでに現在のヒトとほぼ同等になっており、当時のネアンデルタール人の頭蓋内の形状とは大きな隔たりがあった。とすると、頭蓋骨の形状だけからの推定ではあるが、彼らが絶滅しなければ創造できたであろう文明は、ヒトの文明とは異質なものになっていたかもしれない。

話が少し逸れてしまったので、もとに戻そう。これまで述べたことをまとめると、洞窟壁画や文明の創造を可能にする高度な認知機能という遺伝形質に必要な複数の突然変異は、60万年以上前に誕生したサピエンス集団のゲノムのなかで徐々に生じ、なんらかの利点があったために、時間をかけてゆっくりと集団内の個体のゲノムに広がり始めた。その結果、高度な認知機能の獲得に最低限必要な複数の突然変異がセットで揃い始め、数万年前までには洞窟壁画を描かせるようになる。その後まもなくネアンデルタール人は絶滅したが、絶滅を免れたヒトのゲノムでは数千年前までに文明の創造を可能にする突然変異のセットが揃い、古代文明を発祥させたのではないだろうか。

いずれにしても、40億年におよぶ地球上の生物の歴史のなかで、文明を創造できた生物はヒトだけであり、それもごく最近になってからである。こうした認知機能の向上は、この当時から現在まで、そしてこれから未来へ向かってもはてしなく続き、個体間での認知機能の格差も今以上に広がっていってしまうかもしれない。

ヒトだけが受け取る祖先からの贈り物

すべての生命は、祖先から1つの「贈り物」を受け取る。それが「ゲノム」だ。私たちもヒトゲノムを両親から受け取るからこそ、ヒトとして生まれてくる。もし、チンパンジーのゲノムを受け取っていれば当然チンパンジーになっている。

しかし、ヒトだけはもう1つ特別な「贈り物」も受け取る。今から30万年前に誕生した当時のヒトは受け取れず、ごく最近のヒトだけが受け取るようになった2つ目の贈り物。それこそが、ここまで述べてきた「文明」なのである。もしヒトがこの文明を受け取らなければ、ヒトと他の類人猿たちとを区別できる本質的な差は生まれなかったに違いない。

ヒトの祖先が直立二足歩行を始めたことがきっかけとなり、ヒトは最終的に「高度な認知機能という遺伝形質」を手に入れた。その結果、数万年前には洞窟壁画を作製し、1万年前までには一部の地域で農耕や牧畜を始めたことで個体数が増え、数千年前には「文字」を発明して原始的な文化がのちの世代に確実に伝達され、その積み重ねの結果、ついに古代文明が発祥したのである。

もちろん動物たちのなかにも複雑な言語を持ち、仲間同士で多様な会話ができる種はたくさんいる。さらに、ヒトと最も近縁な種であるチンパンジーのなかには、道具を使って木の実を割る文化（時を経ても変化せずに継承される生活様式）も存在する。

しかし、これらの文化を次の世代が継承することはできても、ここに創意工夫を加え、時を経るたびに新しい要素を蓄積して文明にまで発展させることはできない。したがって、文明を創造できる高度な認知機能は、まさにヒトと他の生命を分ける特別な遺伝形質であるといえるのではないだろうか。

もしチンパンジーに原始的な文化を文明にまで発展させる遺伝形質が備わっていたとすれば、ヒトとチンパンジーの間の本質的な差は消失する。しかし、チンパンジーを含む他のすべての生命には文明を築くどころか、ヒトが築いた文明を理解することもできない。もしそれができたのなら、彼らも私たちと同じように学校で机を並べて文明の教育を受けているのではないだろうか。

ではなぜヒトにだけ文明を創造する高度な認知機能という遺伝形質が備わったのだろうか。特定の遺伝形質には必ずその原因となる突然変異がゲノムに存在する。したがって、ヒトだけの遺伝形質である高度な認知機能の原因となる突然変異は、ヒトゲノムにだけ存在することになる。それは生命エネルギーの産生を司るミトコンドリアゲノムにではなく、個体形成を司る核ゲノムに隠されているはずだ。そこで、このような突然変異の探索のために、まずはヒトとチンパンジーの核ゲノムの全塩基配列を比較してみよう。

ヒトとチンパンジーの核ゲノムの違い

ヒト核ゲノムの解読は２００３年に、チンパンジー核ゲノムは２００５年に完了した。両者の核ゲノムに存在するタンパク質遺伝子はともに２万個で、塩基配列の違いは１・２％だ。また、核ゲノムの全体像は細胞分裂時にだけ出現する染色体に集約されるが、ヒトが23種類の染色体を母親と父親からそれぞれ受け取って計46本になるのに対し、チンパンジーなどの大型類人猿は24種類、計48本の染色体を両親から受け取る。

実は、チンパンジーの染色体にはヒトの2番染色体に相当する染色体がない。逆に、ヒトにはチンパンジーの12番と13番染色体がない。ただ両者をつなげると、大きさや染色パターンがヒトの2番染色体とほぼ一致することから、ヒトとチンパンジーの共通祖先が持っていた12番と13番染色体の融合によって、ヒトの2番染色体が形成されたと推定できる（図表8-2）。

さらに両種の核ゲノムの全塩基配列を比較することで、染色体融合の分子的な証拠も見つかった。チンパンジーの12番と13番染色体の融合位置に相当するヒト2番染色体の中央部に、染色体末端の名残としてテロメア配列が存在していたのである。また、ヒトの2番染色体にはセントロメア配列も2箇所で見つかった。セントロメアは、細胞分裂の際に紡錘糸が結合する場所で、各染色体に1箇所だけ存在し、染色体を2つの娘細胞に均等に分配する重要な役割を持つ。現在ではこの2箇所のうち、チンパンジーの13番染色体のセントロメア配列と相同な配列が、ヒトの2番染色体でセントロメアとして機能し、もう片方はその痕跡を残すのみである（図表8-2）。

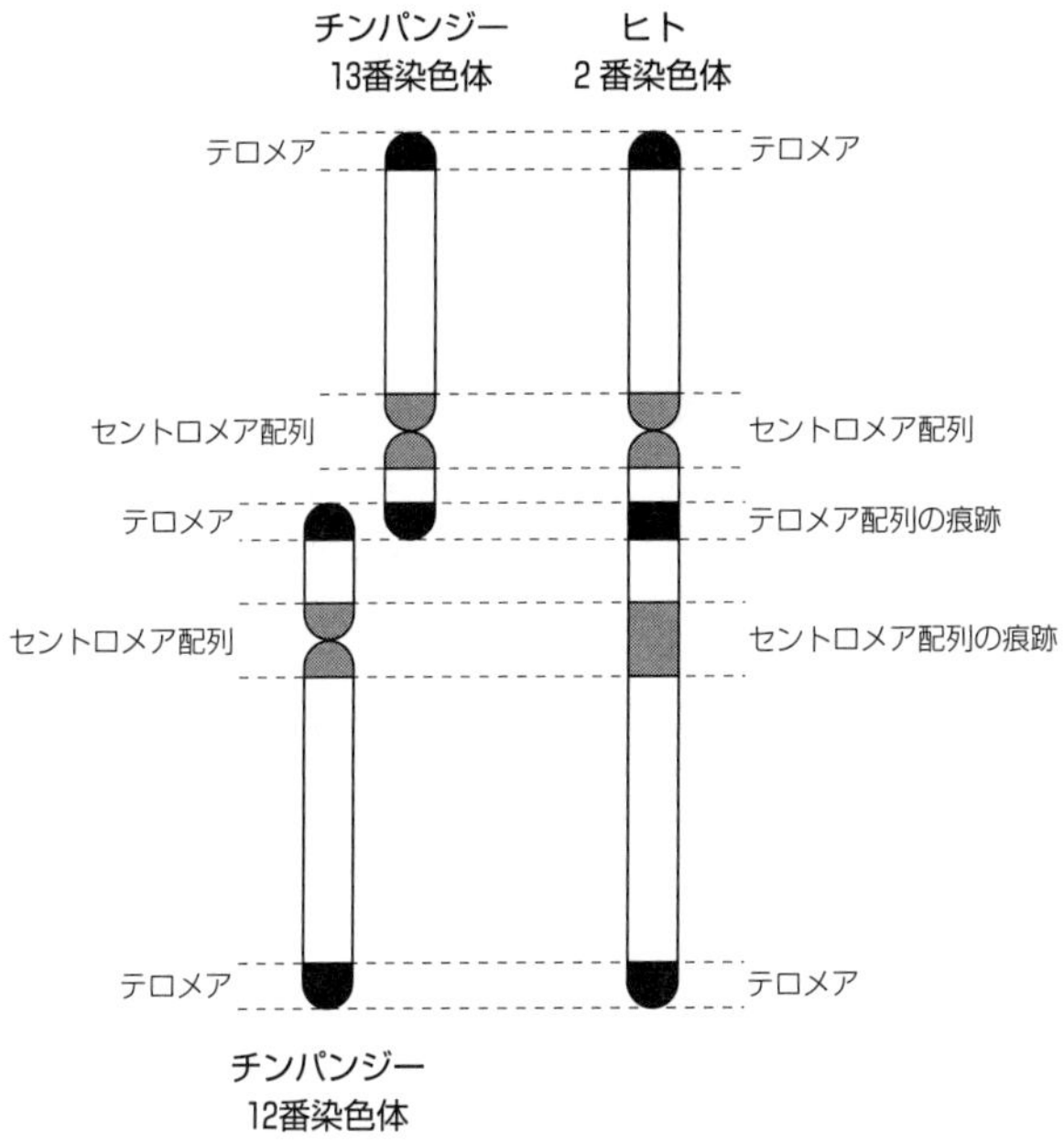

図表8-2　ヒトの祖先で起こった染色体融合

ちなみに、ネアンデルタール人やデニソワ人の染色体数もヒトと同じ46本と推定できる。なぜなら、彼らはヒトの祖先と交雑して繁殖力のある子孫を残せただけでなく、核ゲノムの全塩基配列のなかで2番染色体に相当する領域に、ヒトと同じようにテロメアやセントロメアの痕跡が存在しているからである。

ヒトの祖先がチンパンジーの祖先と分岐した後に生じたこの染色体数の変化は、ヒトとチンパンジーの祖先の完全な分岐を促進したかもしれない。なぜなら少なくともこの変化によって、両者が交雑して子孫を残すことは困難になったからだ。この分岐の後にヒトの祖先が獲得した主な遺伝形質は直立二足歩行である。その後、石器の作製や火の使用、体毛の退縮、脳容積の拡大などの新しい遺伝形質が次々に加わった。

ただここでの問題は、両者を隔てるすべての遺伝形質やその原因となるすべての突然変異の差を列挙することではなく、ヒトだけが持つ高度な認知機能、つまりヒトと他の生命を分ける特別な遺伝形質に焦点を当て、そのために必要な複数の遺伝子やスイッチに存在する突然変異のセットを探索することである。次からはここをもう少し詳しく見ていこう。

認知機能を高める突然変異をどう評価するか

近年、チンパンジー以外の大型類人猿（ゴリラとオランウータン）の核ゲノムの全塩基配列も次々に解読された。これを活用すると、類人猿ではまったく変化していないのに、ヒトだけで変化した塩基配列を特定することができる。そこで、そのなかからヒトだけが獲得した遺伝形質である高度な認知機能に関連する遺伝子やスイッチの突然変異を探索する研究が盛んに行われるようになった。しかし、この探索によって見つかるのはすべて状況証拠だけである。なぜなら、倫理的な理由によりヒトや霊長類の脳組織を使った実験で直接的な証拠を得るのはとても困難だからである。

ただ、その突然変異によって、脳の大きさや質にどのような影響を与えるかを評価できる実験系は2つある。1つは霊長類と近縁な齧歯類のマウスに、ヒトやチンパンジーの遺伝子やスイッチを導入して、脳の構造や生理機能を比較する実験系である。

もう1つは、近年の技術革新によって誕生した、脳の3次元擬似組織（脳オルガノイド＝脳もどき）を作る実験系である。どんな実験系かというと、まずヒトの培養細胞を初期化し、多能性幹細胞であるｉＰＳ細胞を作製する。次に遺伝子改変技術により、高度な認知機能に必要と想定される遺伝子やスイッチを削除したり、ネアンデルタール人やチンパンジーの塩基配列に置き換えたりする。そして、分化誘導によってさまざまな脳組織と類似した構造や生理機能を持つ脳オルガノイドを作製し、その影響を調べるのである。

その結果、高度な認知機能に必要な候補として、胎児の大脳新皮質（複雑な情報処理機能を提供する組織）で発現し、この組織の容積増加や質的向上に関与する遺伝子やそのスイッチの突然変異が明らかになりつつある。そのなかの主なものは次の通りだ。

高度な認知機能の候補遺伝子

新しい遺伝形質の獲得には、既存の祖先型遺伝子の「重複あるいは部分重複突然変異」による新しい遺伝子の出現が関係する場合がある。実際にヒトと類人猿の核ゲノムの塩基配列を比較した結果、ヒトだけが持つ新しい遺伝子は確かに存在し、そのほとんどは類人猿も共有する祖先型遺伝子の重複あるいは部分重複突然変異でできた遺伝子であった。しかもそのなかには、認知機能に関わる大脳新皮質で発現している遺伝子もあることが明らかになった。

大脳新皮質の容積増加・質的向上に関与する部分重複遺伝子

これらの遺伝子は、ヒトの祖先がチンパンジーの祖先と分岐した後からサピエンスの祖先が登場するまでの間に、他の哺乳類も共有する祖先型遺伝子が部分重複したことにより新たにできた遺伝子で、ヒトだけでなくネアンデルタール人やデニソワ人の核ゲノムにも含まれている。

例えば祖先型遺伝子（*ARHGAP11A* と *NOTCH2*）が部分重複してできた遺伝子（*ARHGAP11B* と *NOTCH2NL*）は、それぞれ発生初期の胎児の神経前駆細胞（神経幹細胞からできる細胞で盛んに分裂してから神経細胞に分化する細胞）で発現することで、終末分化細胞である神経細胞への分化を抑制し、神経前駆細胞の細胞分裂を維持させるため、結果として大脳新皮質の神経細胞数の増加につながっている可能性がある。

一方、別の部分重複突然変異でできた新しい遺伝子（*SRGAP2C*）は、神経前駆細胞から分化した神経細胞で発現し、祖先型遺伝子（*SRGAP2A*）が作るタンパク質と結合して、その生理機能（神経細胞の成熟）を阻害する。その結果として隣接する神経細胞への接続数（シナプス数）は増加し、大きくなりつつある大脳新皮質の質的向上につながっている可能性がある。

脳の容積増加に関与する機能喪失遺伝子

新しい遺伝形質の獲得には常に新しい遺伝子が必要とは限らず、逆に既存の遺伝子の機能喪失で達成できる場合もある。脳は大量のエネルギーを消費するために、必要以上に脳が大きくなるのを抑制する遺伝子が存在するが、３００万年前にヒトの祖先でこの抑制遺伝子（*CMAH*）がレトロホゾン（Alu）の挿入により破壊された。この時期はヒトの祖先で脳が拡大し始めた時期とほぼ一致している。

また２４０万年前に、顎の咀嚼筋《そしやくきん》で発現していた筋肉タンパク質を作る１つの遺伝子（*MYH16*）が欠失点突然変異で機能喪失して、咀嚼筋の収縮力が低下したことで、頭蓋容積の拡大を許容した可能性も考えられている。

高度な認知機能の候補スイッチ

新しい遺伝形質の獲得に必要なのは、何も遺伝子の獲得や喪失だけではない。既存の遺伝子でも、その発現をコントロールする別のスイッチが新しく誕生することで、遺伝子発現の場所や時期などが変化し、新しい遺伝形質の獲得に大きく貢献する場合もある。

ヒト加速領域

ヒトとさまざまな霊長類の核ゲノムの全塩基配列を比較したところ、非遺伝子領域のなかで、ヒトで急速に変化した領域（ヒト加速領域）が複数存在することが明らかになった。これらの領域は、遺伝子発現に必要な新しいスイッチを含んでおり、これによって近傍の遺伝子の発現場所や発現時期が影響を受ける場合がある。また、ヒト加速領域の一部は主に胎児での大脳新皮質の形成に関与する遺伝子のスイッチに相当することも分かった。さらにこの領域のスイッチのなかには、ヒトの直立二足歩行という遺伝形質の獲得に貢献した可能性を指摘されているものもある。

レトロポゾン（Alu）

真核生物の核ゲノムの非遺伝子領域に存在するレトロポゾンの一種であるＳＩＮＥ（第２章参照）は、哺乳類では核ゲノムの10％を占めている。核ゲノムに突然出現して自己複製し、大量に増殖したのち再び核ゲノムに挿入されたもので、そのまま変化せずに保存され続けるものもある。ＳＩＮＥの核ゲノムへの挿入が種の形成に関与している場合もあり、その一部は遺伝子のスイッチとしての生理機能を持つことで、陸上脊椎動物の四肢形成や哺乳類の乳腺形成でも重要な役割を果たしてきた。

これに対し、ヒト核ゲノムで急増しているのは霊長類ではじめて出現したAluという特殊なＳＩＮＥで、ヒト核ゲノムの10％を占めている。そして、Aluも自己複製によって自身のコピーを核ゲノム内に増やし、多くの遺伝子のスイッチに変身している場合がある。このため、これらを利用する複数の遺伝子の発現が一挙にコントロールされて、高度な認知機能といった複雑な遺伝形質の迅速な獲得に貢献した可能性がある。

「生命の基本単位はゲノムである」という第２章で提案した生命観に立つと、ヒトは核ゲノムとミトコンドリアゲノムから構成されるだけでなく、そこに核ゲノムを生存環境として自己複製するAluなどのレトロポゾン、つまりゲノムだけでできている生命も加わることになる。とすると、まさにヒト核ゲノム内に共生する別の生命の自己複製という突然変異が、ヒトに高度な認知機能を提供した要因の1つなのかもしれない。

なお、ここまで述べてきたヒト特有の遺伝子やスイッチは、数万年前のネアンデルタール人やデニソワ人の核ゲノムにも存在した。しかし、ごく最近では、霊長類からネアンデルタール人やデニソワ人までは変化せず、ヒトだけに生じた突然変異を持つ遺伝子もいくつか発見されている。このなかで*TKTL1*や*NOVA1*といった遺伝子は脳で働いているが、これらのヒト特異的突然変異が、高度な認知機能に関係するかどうかは不明である。そもそも、ネアンデルタール人も高度な認知機能を持っており、絶滅さえしなければ文明を創造できた可能性を否定することはできないのである。

以上、ヒトの高度な認知機能という遺伝形質の獲得に必要な候補遺伝子や候補スイッチの突然変異をいくつか挙げてきた。ただ、その全貌を明らかにできるまでには、まだまだ多くの研究が必要である。

ヒトが人になるために

ヒトが獲得した「文明を創造できる高度な認知機能」が、ヒトと他の生命を分ける特別な遺伝形質であるのなら、これこそが、まさに探し求めてきた「ヒトたらしめるもの」に相当するのではないだろうか。ただ、この結論に対して筆者は違和感が拭いきれず、どうにも腑に落ちない。何かが足りないような気がするのである。それは、おそらくこのパズルを解くための最後の論理的ピースが足りないからだろう。そこで、あらためて「ヒトたらしめるもの」は何かという原点に立ち返ってみたい。

「私はなぜ勉強しなければならないの？」という子どもたちの素朴な質問に対する答えは、個人によって違うのがむしろ当然であり、そこに普遍的な正解は存在しない。しかし、次のような質問だったらどうだろうか。

「私たちはなぜ勉強しなければならないの？」

この場合、すべてのヒトが勉強しなければならない普遍的な理由が要求される。そして、それを探っていくことで、このパズルを解く最後のピースも見えてくるかもしれない。

ヒトゲノムはヒトを作る。しかし、現在を生きる私たちの場合、ある儀式によりヒトゲノムが作ったヒトから人に変身する必要がある。ヒトの赤ちゃんは生まれてすぐに文明のシャワーを浴びるようになるが、これが、ヒトから人に変身していくためにはどうしても必要な儀式なのである。文明を創造できる高度な認知機能は、同時に文明を理解できる高度な認知機能でもあり、文明の教育（勉強）という儀式はまさにヒトを人にするという重要な役割を担っている。

逆に、もしヒトが生まれた後に文明のシャワーを浴びなかったらどうなるのだろうか。それは、先ほどの「私たちはなぜ勉強しなければならないの？」という質問を、「勉強をしなかったらどうなるの？」という質問、つまりヒトの赤ちゃんがオオカミやチンパンジーの社会で育てられたらどうなるのかという質問に置き換えると、おのずと答えが見えてくる。仮にヒトとなる設計図（ヒトゲノム）を持って生まれても、姿形はヒトになるが、そこから人に変身することは難しくなるようだ。

もちろん、このことを実験で立証するわけにはいかない。しかし、育児放棄を含めたさまざまな理由で、幼少期にほとんど文明の教育を受けずに育った、いわゆる「野生児」の事例は存在する。適切な時期での適切な教育が欠落すると、親から受け取った高度な認知機能という遺伝形質は、まったく意味を持たないことになり、現代社会で生存していくうえでも、極めて大きな困難が待ち受けることになってしまう。

もし私たちが数千年以上前に誕生していれば、文明そのものがなかったために全員が野生児であり、他の類人猿と同じように、子どもたちは学校で勉強する必要もなかった。しかし、その後に古代文明が興って、文明のエッセンスを学校や家庭、社会で短期間に効率よく学ぶようになり、ヒトは人として生き、さらなる文明の発展に貢献するようになったのである。

したがって、ヒトの祖先がチンパンジーの祖先と分岐した６００万年前から、つい最近までは、おそらくヒトと他の生命を隔てる本質的な違いは存在しなかったのではないだろうか。人類６００万年の歴史のほとんどは「人たらしめるもの」が存在しない歴史であり、ヒトが出現してからも、しばらくの間は文明が生まれなかったために、当時のヒトの集団もまさに野生児のような集団であったと推察される。そうすると、私たちはつい最近まで、一見すると単に体毛が退縮し、頭が異常に大きく、直立二足歩行という奇妙な歩き方をする風変わりなチンパンジーの仲間にすぎなかったはずである。

しかし、数千年前についに古代文明が興った。それはおそらく高度な認知機能に必要な突然変異のセットが、多くのヒトの核ゲノムに揃ったからではないだろうか。ただ、それだけでは、遺伝形質としての高度な認知機能を持って生まれても、野生児と同じように結果としてこのセットを持たないのと同じことになる。この状況を一変させたのが幼少期における文明の教育で、それはヒトを人に変身させ、他の生命との間に存在する圧倒的な違い、つまり「ヒトたらしめるもの」ではなく「人たらしめるもの」を浮き彫りにしたのである。

では、この「人たらしめるもの」とは具体的にどのようなものなのだろうか？　ここまで繰り返し述べてきた「文明を創造できる高度な認知機能」は、あくまでも「潜在能力としての先天的形質（遺伝形質）」で野生児も持っているため、これは「人たらしめるもの」には相当しない。ところが、これは同時に「文明を理解できる高度な認知機能」でもあるため、文明の教育（勉強）を通して「学習成果という後天的形質（獲得形質）」に変換できる。高度な認知機能はこの変換があって、はじめて大きな光を放つことになるのだ。そして、この変換こそが、まさに「ヒト」ではなく「人」たらしめるものは何かというパズルの最後の重要なピースに相当するはずだ。

設計図の余白が人を作る

では、「学習成果という獲得形質」とは具体的にどのようなものなのだろう？　ヒトゲノムと文明の教育は、私たちを人にするために必要な両輪である。ただし、このなかで私たちが自分の意志を反映できるのは文明の教育だけだ。

ゲノムは親からもらうが、受け取ったゲノムが気に入らなくても変えることはできない。すでに述べたお酒の強さは、アルコールを分解する酵素の遺伝子がどのような突然変異を持つかで決まるが、これは遺伝形質そのものであり、どんなに努力しても獲得形質に変換されることはほとんどない。

一方で、身長２ｍの若者がオリンピックを目指す場合を考えてみよう。この場合は、長身を活かせる種目でのトレーニング（教育）が推奨される。つまり、ゲノムの支配を受ける遺伝形質は変えられないが、これを活かせる分野での質の高い教育を通して、親から受け取った遺伝形質を、自らの努力によって自分の望みに近い獲得形質に変換させることはできるのである。

そう考えると、「私の設計図」には「私のゲノム」では規定しきれない部分、つまりヒトから人になるための余白が存在していると捉えられないだろうか。生まれたときの「私」には、親から受け取った遺伝形質としての高度な認知機能を活用することで、文明を理解し、この余白を自由に創作して獲得形質に変換するチャンスが訪れる。ゲノムに支配されていないこの余白の創作に、自分の意志を存分に反映させることで、人としての自己を完成させることができるはずだ。

したがって、「学習成果という獲得形質」とは、自分の設計図にあるゲノムに支配されない余白を、文明の教育（勉強）を通して完成した自己のことであり、勉強による自己の完成こそが、「私たちが勉強する普遍的な目的」なのではないだろうか。その意味では「ヒトゲノムに規定された遺伝形質がヒトを作り、文明の学習成果という獲得形質が人を作る」といえるのかもしれない。こうして、ヒトゲノムと文明の教育の両輪を使って、ヒトは人になることでようやく特別な存在になれるのである。その結果、第4〜6章で述べた、ゲノムから圧倒的な支配を受け続ける生命活動（個体形成、個体老化、子孫形成）のごく一部を、人は自分の意志で変更することができるようになる。

例えば、ゲノムが遺伝子のスイッチに託す「子どもを作る」という第三のミッション（第

6章）を思い出してほしい。この本能は、第二のミッションである個体老化にともなうゲノム消滅の危機を回避するための重要なプログラムで、失敗するとその生命は絶滅への道を辿る。したがって、すべての生命が生まれてきた普遍的な目的は、子どもを作ること（子孫形成）なのだ。

もちろん他の生命と同じようにヒトもゲノムによって子どもを作るように誘導されている。第6章の最後（150頁）ではこの論点に立ち返ることになっていたが、本章で述べてきたように、高度な認知機能が教育により遺伝形質から獲得形質に変換されることによってヒトが人へ変身することで、これを拒否することができるようになる。つまり「子どもを作れ」というゲノムが支配する本能を強烈な理性でねじ伏せて、「子どもを作らない」という自然の摂理に反する選択肢は、文明の教育を受けた人にだけ存在しているのではないだろうか。

本章での「ヒト」たらしめているものは何かを探る旅は、結局は「人」たらしめるものは何かを探る旅であった。ヒトたらしめるものに相当するのが、文明を創造できる高度な認知機能という遺伝形質であるという結論に違和感を拭えなかったのは、筆者が探し求めていたのが「ヒトたらしめる遺伝形質」ではなく、「人たらしめる獲得形質」だったからかもしれない。

以上で生物・ゲノム・ヒトの謎を解く40億年の旅はすべて終わりである。楽しんでいただけただろうか。

＊

では、私たちの未来はどうなるのだろうか。ヒトゲノムは今後もダイナミックな変貌を続けるために、今のままとどまることはできず、すでにかなりの多様性が蓄積している。いずれヒトゲノムはヒトゲノムではなくなる運命にあるといえるだろう。

その際、今後の高度な認知機能のさらなる向上にともなう文明の加速度的な進展により、現在よりも高度化された文明の教育が必要となり、それを理解できる集団とできない集団との間で格差が拡大し、結果として同一社会のなかで両者が隔絶して別種となることも考えられる。そのとき、私たちの祖先である化石人類たちがかつてアフリカ大陸で繰り広げた生存競争を、私たちの子孫も未来の地球上で繰り広げることになるかもしれない。

仮に、何かの理由でこの文明が完全に崩壊し、言語や文字や書籍だけでなく、科学、技術、情報など文明を構成するすべての要素が一切存在しない世界に、未来のヒトの子どもたちが誕生したらどうなるだろうか？　生存できたとしても野生児となった彼らは数千年前のヒトのように、そこから文明を築き始めることができるだろうか？　ゲノムは時間とともにダイナミックな変貌を続けるため、未来の私たちのゲノムには、数千年前の私たちの祖先のゲノムが可能であった文字の発明など、文明初期の基礎を築く能力がとっくに失われている可能性は否定できない。

もしかすると、収斂進化でヒトよりも遥かに平和な文明を築く別の動物が出現しているかもしれない。ただ、それまでには私たちの末裔たちも種間の生存競争という難題を解決できる素晴らしい叡智を獲得しているはずだと信じたい。

エピローグ

本書は、従来の常識とは違う生命の見方を提案することで、これまで見ることのできなかった新しい生命の世界を巡るツアーであった。その先で「ヒトは他の生命と比べ何が特別なのか」「ヒトたらしめるものは何か」という私たちの根幹に関わる問いの答えを探す40億年の旅にも出かけた。そして、最後に辿り着いたのは「人たらしめるものは何か」の答えであった。その旅の様子をここで振り返っておこう。

第1部の「生命の再定義」では、生命や生物、ゲノムや遺伝子といった生物学の基礎となるキーワードの定義を見直した。ただ、ここから新しい風景が次々に見えてくるとは予想もしていなかった。特に生命の定義を「細胞」という制約から解放して自由になることで見えてきた新たな景色は次の通りだ。

①生物の基本単位が「細胞」なら、生命の基本単位は「自己複製する核酸（ゲノム）」
②自己複製する核酸（ゲノム）を持つかどうかが生命と物質（無生物）の境界線
③最初の生命の誕生は「物質としての核酸」が「自己複製する核酸」へ変化したとき
④「自己複製する核酸の起源」が「生命の起源」
⑤「核酸の自己複製」という化学反応は生命の起源から始まり現在の生命も継続中
⑥生命とは「核酸の自己複製」という化学反応そのもの
⑦プラスミドやウイロイドなどはゲノムだけでできている生命
⑧核ゲノムのなかにある古代生命（レトロポゾン）や、わずか6塩基対のテロメアも生命
⑨ミトコンドリアは細胞のなかにある細胞、レトロポゾンはゲノムのなかにあるゲノム
⑩ヒトは核ゲノム、ミトコンドリアゲノム、レトロポゾン、テロメアなど多様なゲノムを持つ複合生命で、核ゲノム以外は全て無性生殖

第2部の「ゲノムの表現」では、ゲノムと遺伝子を厳密に区別することを重要視したうえで、ゲノムがどのようにして生命活動をコントロールしているのかを紐解いていった。そこでの原動力となるのは、ゲノムのなかのスイッチのエピゲノム修飾であり、そこで見えてき

た新たな景色は次の通りだ。

①ゲノムが生命の設計図なのに対し、遺伝子は設計図通りに生命を作るための「道具」
②ゲノムが遺伝子を道具として使う際に重要なのがゲノムに存在する遺伝子のスイッチ
③ゲノムはスイッチのエピゲノム修飾により遺伝子を制御し、個体形成、個体老化、子孫形成を実行
④これらの生命活動を客観的に眺めると、個体形成と個体老化は子孫形成のために存在
⑤すべての生命に普遍的なのは子孫形成だけ
⑥私たちが生まれてきた目的は「子どもを作るため（子孫形成のため）」

最後となる第3部の「ゲノムの創造」では、40億年以上前の地球にまで一気に戻り、そこから生命の起源となったゲノムがどのように誕生し、どのように変化してヒトゲノムが誕生したのかを探った。そして遂に「人たらしめるものは何か」に辿り着いた。この旅で見えてきた新たな景色は次の通りだ。

①突然変異がゲノムを創造し、エピゲノム修飾がゲノムを表現する

②ヒトの誕生は、「突然変異」を原動力として40億年かけたヒトゲノムの創造と、「エピゲノム修飾」を原動力としたわずか1年足らずのヒトゲノムの表現との合わせ技

③ヒトだけが持つのは「文明を創造できる高度な認知機能」という遺伝形質

④ヒトはこの遺伝形質だけでは野生児であり、他の生命と異なる特別な存在になれない

⑤高度な認知機能が、文明の教育により「潜在能力としての遺伝形質（先天的形質）」から「学習成果という獲得形質（後天的形質）」に変換されてヒトは人になる

⑥「ヒトゲノム」と「文明の教育」の両輪を使ってヒトは人になる

⑦勉強を通してヒトから人になることで他の生命とは圧倒的に異なる特別な存在になる

「私たち」が勉強しなければならない理由はまさにここにあるのではないだろうか。そして「教育による学習成果という獲得形質」こそが、執筆をしながら探し求めてきた「人たらしめるもの」に必要な最後のピースであった。

こうして、ヒトが文明の教育を受けて人に変身すると、ゲノムが支配している本能を理性がコントロールできるようになる。例えば、子どもを作るという生命の最終目標を、理性で

無視することもできる。ヒトは人になることで他の生物とは異なる特別な存在になれるというのは、このような理性を持つことなのかもしれない。

*

以上、本書で示したこれらの考え方はあくまでも筆者からの１つの提案である。従来の考え方との違いや、この視点に立って見えてくる新しい景色を楽しんでいただくのが本書の目的だ。そのうえで、読者の皆さんの考え方を再構築する際の参考にしていただければと思う。

本書では、執筆を開始したときには予想もしていなかった展開が随所に現れた。これは本書を書く機会をいただいただけでなく、終始細部にわたって多様な観点から鋭いコメントをいただいた光文社新書編集部の河合健太郎氏のおかげである。また、筑波大学名誉教授の橋本哲男先生、東京工業大学名誉教授で北里大学特任教授の岡田典弘先生、京都大学名誉教授の後藤修先生には、貴重な教示をいただいた。この場を借りてお礼申し上げる。

２０２３年12月

林純一

林純一（はやしじゅんいち）

1949年北海道生まれ。東京学芸大学教育学部卒業。'77年に東京教育大学（現・筑波大学）理学研究科動物学専攻博士課程修了（理学博士）。埼玉県立がんセンター研究所研究員、テキサス大学健康科学センター・ダラス校客員研究員、埼玉県立がんセンター研究所主任研究員、筑波大学生物科学系助教授などを経て、'98年より同大学の教授に。現在は筑波大学名誉教授。専門は生物のエネルギー代謝を司るミトコンドリアで、がんとの関連性やミトコンドリア病などの研究に従事してきた。著書に講談社出版文化賞科学出版賞を受賞した『ミトコンドリア・ミステリー』（講談社ブルーバックス）がある。

「生命《せいめい》の40億年《おくねん》」に何《なに》が起《お》きたのか
生物《せいぶつ》・ゲノム・ヒトの謎《なぞ》を解《と》く旅《たび》

2024年1月30日初版1刷発行

著　者 —— 林純一
発行者 —— 三宅貴久
装　幀 —— アラン・チャン
印刷所 —— 萩原印刷
製本所 —— 国宝社
発行所 —— 株式会社光文社
東京都文京区音羽1-16-6（〒112-8011）
https://www.kobunsha.com/
電　話 —— 編集部03（5395）8289　書籍販売部03（5395）8116
業務部03（5395）8125
メール —— sinsyo@kobunsha.com

　ISBN 978-4-334-10197-8

光文社新書

1274

恋愛結婚の終焉

牛窪恵

恋人は欲しくない？　恋愛は面倒？——でも、結婚はしたい⁉　改善されない未婚化と少子化の真の原因はどこにあるのか。昭和の常識から脱却し、「共創結婚」の重要性を検証・提案する。

978-4-334-10068-1

1275

朝、起きられない病

起立性調節障害と栄養の関係

今西康次

「だるさや頭痛、吐き気で起きられない」…中高生の1割が悩む起立性調節障害を栄養の観点から治療・改善させている医師が、発達に必要な栄養や周囲の対応について症例を交え解説。

978-4-334-10069-8

1276

人事変革ストーリー

個と組織「共進化」の時代

高倉千春

個が活きる組織とは——。複数の外資企業や日本企業で戦略人事や人事制度改革に取り組んできた人事のプロフェッショナルが、これからの日本企業に求められる「新たな知恵」を示す。

978-4-334-10088-9

1277

愛とラブソングの哲学

源河亨

この世はなぜラブソングであふれている⁉　共感できるから？　愛が普遍的だから？　生物学・脳科学・歴史学・社会学など様々な学問を駆使して、哲学研究者が問いの答えに迫る。

978-4-334-10089-6

1278

ワクチンを学び直す

岩田健太郎

効果、安全性、種類、活用法——最新の動きに加え、予防接種制度や海外のワクチンも含めたワクチン接種の全体像を、感染症の専門家が分かりやすく解説。今こそ、正しい知識を！

978-4-334-10090-2

光文社新書

1279
日本企業はなぜ「強み」を捨てるのか
増補改訂版『日本〝式〟経営の逆襲』
岩尾俊兵

「カネよりヒト」のスタイルこそ日本企業の強みだったが、自らその姿勢を手放してしまったのはなぜか。東大初の経営学博士号を取得した気鋭の経営学者が説く、日本経済復活への道。

978-4-334-10091-9

1280
新説 徳川家康
後半生の戦略と決断
野村玄

秀吉の没後、豊臣家と豊臣恩顧の大名たちからの制約の中で家康はどのように政治的な手腕を発揮し、幕府の礎を築いていったのか。一次史料から家康の真の偉大さに迫る。

978-4-334-10131-2

1281
発達障害児を育てるということ
柴田哲　柴田コウ

父は発達心理学を研究する大学教授。母は公認心理師。発達の専門家夫妻が軽度自閉症児の息子と送る日々を、保護者視点と研究者視点を行き来しながら綴った「学術的子育てエッセイ」。

978-4-334-10132-9

1282
教養としてのパンク・ロック
川﨑大助

「パンク」の語源は？　誰が「パンク・ロック」と名付けたのか？　なぜ髪を逆立てるのか？　なぜトゲトゲの付いた革ジャンを着るのか？　パンクの発想・哲学を名盤105枚とともに解説。

978-4-334-10153-4

1283
犯罪へ至る心理
エティエンヌ・ド・グレーフの思想と人生
梅澤礼

どのようにして人は犯罪に手を染めることになるのか。誰もが罪を犯しうるとしながら、それでも防ぐ方法を模索し続けた、20世紀ベルギーの精神科医・犯罪学者・作家の歩みを丁寧に辿る。

978-4-334-10134-3

1284

だからタイはおもしろい
暮らしてわかったタイ人の「素の顔」

髙田胤臣

経済格差、階級社会、利己主義……。微笑みの裏側には色々あっても、したたかに、サバーイ（気楽）に生きる。ともに暮らしてはじめてわかる、タイ社会とタイ人の本質とは。

978-4-334-10135-0

1285

毒母は連鎖する
子どもを「所有物扱い」する母親たち

旦木瑞穂

理不尽な仕打ち、教育虐待、ネグレクト……。子どもを自らの所有物のように扱い、負の影響を与える毒親。その中でもとりわけ母親から娘へと伝染する「毒」に8人の取材から迫る。

978-4-334-10169-5

1286

京大合格高校盛衰史
天才たちは「西」を目指した

小林哲夫

京大の「自負」と高校の「執念」。自由の校風と最先端研究を目指して繰り広げられた京大受験の歴史を、一九四九年以降の合格者数ランキングから徹底分析。東大ではダメなんだ！

978-4-334-10133-6

1287

台湾の本音
〝隣国〟を基礎から理解する

野嶋　剛

首都はどこ？　親日である理由は？　中国とはどういう関係？　日本で関心が高まるわりに、実情はよく知られていない台湾。そんな〝隣国〟の姿を6つの問いから詳らかにする。

978-4-334-10170-1

1288

白内障の罠
一生「よく見る」ための予防と治療

深作秀春

後悔しないために…日常生活や栄養面での留意点、手術法の歴史や最新治療について、世界的眼科外科医が徹底解説&警告！プロの画家でもある著者が「見るとは何か」から教えます。

978-4-334-10171-8

1289

ボロい東京

三浦展

錆、苔、扉、管、看板、郵便受け……。ボロいのに、いや、ボロいからこそ美しい。ありふれたようで失われつつあるボロい風景の数々を、十数年撮りためたスナップから厳選した写真集。

978-4-334-10172-5

1290

日本のクラシック音楽は歪んでいる

12の批判的考察

森本恭正

これまで日本で検証されてこなかった「真実」とは——。私たちは何を見逃し、聴き逃してきたのか。作曲家・指揮者が、二十年を超える思考の上に辿り着いて示す、西洋音楽の本質。

978-4-334-10196-1

1291

「生命の40億年」に何が起きたのか

生物・ゲノム・ヒトの謎を解く旅

林純一

40億年前に誕生し、姿形を変えながら現在まで連綿と命をつないできた生き物たち。その本質とは一体何なのか。常識を疑った先に広がる、ユニークな生き物たちの世界を描いた意欲作。

978-4-334-10197-8

1292

日本のヴァイオリニスト

弦楽器奏者の現在・過去・未来

本間ひろむ

日本におけるヴァイオリン受容史から、「歴史的名器」をめぐる逸話、新世代の弦楽器奏者まで、「楽器に選ばれし者」の物語。【日本のヴァイオリニスト・ディスコグラフィ30】付録付き。

978-4-334-10198-5

1293

在宅緩和ケア医が出会った「最期は自宅で」30の逝き方

髙橋浩一

どこで、どのように過ごし、最期の時を迎えるか。希望をどう叶えるか。在宅緩和ケアに取り組んできた医師が紹介する、患者との出会いから看取《みと》りまでの数々のストーリーから学ぶ。

978-4-334-10199-2